U0192872

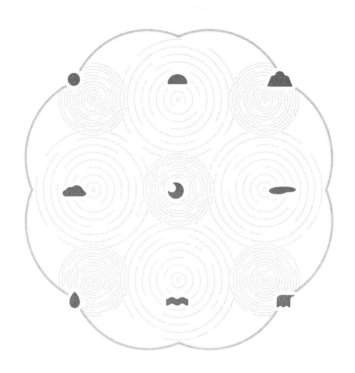

中国的
风景与庭园

[日]后藤朝太郎——著

李复生——译

浙江人民美术出版社

图书在版编目（ＣＩＰ）数据

中国的风景与庭园 / （日）后藤朝太郎著；李复生
译 . -- 杭州：浙江人民美术出版社，2022.7
（日本美学与艺术之旅）
ISBN 978-7-5340-7286-4

Ⅰ.①中… Ⅱ.①后… ②李… Ⅲ.①庭院 – 中国
Ⅳ.① TU986.2

中国版本图书馆CIP数据核字(2021)第042391号

ZHONGGUO DE FENGJING YU TINGYUAN

中国的风景与庭园
日本美学与艺术之旅

[日] 后藤朝太郎 著　李复生 译

责任编辑　姚　露　张怡婷
营销编辑　王佳晨
装帧设计　赤　祥
责任校对　余雅汝
责任印制　陈柏荣

出版发行　浙江人民美术出版社
　　　　　（杭州市体育场路347号）
经　　销　全国各地新华书店
制　　版　浙江新华图文制作有限公司
印　　刷　浙江海虹彩色印务有限公司
版　　次　2022年7月第1版
印　　次　2022年7月第1次印刷
开　　本　889mm×1194mm　1/32
印　　张　6.5
字　　数　210千字
书　　号　ISBN 978-7-5340-7286-4
定　　价　68.00元

如发现印刷装订质量问题，影响阅读，请与出版社营销部联系调换。

《中国的风景与庭园》中译本序

　　日前出版社与我联系，嘱我为此书的中译本写一篇推荐性的序文。此书的日文原本我是读过的，中译本也移译得非常好，更为可贵的是，译者撰写了一篇很有分量的导读性的译者序，我再来写一篇序文，恐有画蛇添足或狗尾续貂之嫌了。因而提议说，我就在封底写几句推荐语吧。可在动笔之际，似乎觉得还可从另一角度做一些补充，这些补充，甚至有大部分来自同时代日本文人相关描述的摘译，以给读者提供一个比较。

　　我对作者后藤朝太郎的留意，始于20世纪90年代后期，那时我正在着手进行日本文人与上海关系的研究，在资料搜寻的过程中，后藤朝太郎自然也就进入了我的视线，但因为他与上海的因缘相对比较浅，有关上海的文字也不算很多，后来就没有列入专门的个案研究，但这依然没有消减我对他的兴趣，2010年我曾在神户的古旧书市上购得他的《中国行脚记》（东京万里阁1927年11月）和《中国游记》（春阳堂1926年），都是初版本。就我所知，在甲午一战之后，依然对中国抱有如此浓厚的兴趣，更重要的是，依然对中国抱有类似赤诚的亲爱之情的日本人，实属凤毛麟角。对中国有兴

趣、无数次来中国旅行甚至长时期居住在中国的日本人，不可谓
少，诸如与后藤几乎同时期的内藤湖南（1866—1934）、橘扑
（1881—1945）等，一生写下了诸多与中国有关的文字，但他们都
偏于研究家和评论家的姿态，目光相对冷彻，对于风景和庭园，大
概也没有闲心徜徉，且随着中日局势的恶化，他们都自觉不自觉地
将立场移向了日本当局；也有在上海和南京生活了十多年的井上红
梅（1881—1949?）等，他在1921年出版了三卷本的《中国风俗》，
两年后又出版了三卷本的《金瓶梅：中国的社会状态》，他还将包
含《阿Q正传》在内的许多鲁迅的作品翻译成了日文，但他的趣味
有些低俗，他的文字也有些油腻，将视线多注目于麻将、抽鸦片、
狎妓等，对于风景与庭园，也没有什么着墨，鲁迅生前，对井上的
译文，似乎也一直不肯施以青眼。据我有限的知识，在甲午之后，
如后藤这样还带着满腔的热忱、带着正面的兴趣、甚至怀着一点憧
憬和热爱之情来看待中国的日本人，真的是寥若晨星。

　　但也不是绝无仅有。大半生支持孙中山革命的宫崎滔天（1870
—1922）在《三十三年之梦》中以这样激扬的文字记述了自己初次
踏上中国土地时的心情："我（自长崎）搭乘西经丸轮船前往上海。
航行两日，望见了吴淞的一角。水天相连，云陆相接，陆地仿佛浮
在水上一般，这就是中国！也就是我在梦寐中憧憬已久的第二故
乡。轮船愈向港口前行，大陆风光愈益鲜明，我的感慨也愈益深
切。我站在船头，瞻望低回，不知何故，竟然流下了眼泪。"[1]

　　1924年出版了《魔都》一书的作家村松梢风，写下了更为动情
的文字："宫崎滔天在他的《三十三年之梦》中曾写到他22岁初渡

---

[1] 《三十三年之梦》，初版于1902年，译自东京平凡社1967年版，第40—41页。

中国时，当船进入扬子江目接到中国的风光时，他不由得百感交集，不能自已，站在船头顾望低回不禁泪湿衣襟。我读到此处时方感真正触及了滔天的内心世界，对他平生出一种信赖感，于是将此书细细读完。

"我每次溯入扬子江时也有一种同样的感受。不知何故，此时无限的亲切、喜悦、感激等诸般情感一下子都涌上了心头，最后变成了一种舒畅的伤感，禁不住热泪盈眶，怆然而涕下。我不知道世人是否都有我和滔天这样的感觉，不过我在此处见到了我们这些热爱中国的人的纯澈的心灵。这似乎并不只是广袤无涯的大陆风光使我们产生了盲目的感动。我觉得这是由于中国广阔的土地唤醒了潜意识般长期深藏于我们心灵深处的远祖传下来的梦。这种内心的感动有时会比较强烈，有时会比较朦胧，但当我们去中国旅行，双脚踏在中国的土地上时，这种感动便一直持续着，不会消退。像我这样缺乏汉学修养的人，并不是在学艺知识上被中国所深深吸引的。尽管如此，每当我踏上中国的土地，我心头立即会强烈地涌起一阵从未有过地来到了梦寐之乡的情感，说来也真有点令人不可思议。"[1]

滔天和梢风所表述的，是一种基于地缘、血缘（自公元前3世纪至公元6世纪中叶，陆续曾有数万的中国移民登陆日本列岛）和潜在的文化血脉的感动，应该是很真切的。虽然这样的日本人，在20世纪以后，已经日趋减少，梢风在1932年"一·二八事变"后，立场基本上转到了日本当局的一边。而唯有后藤朝太郎，对中国始终怀抱着满腔的热忱和亲爱之情，而那时的中国，实际上正处于战

---

[1] 村松梢风《中国漫谈》，东京骚人社书局，1928年，第94—95页。

乱、动荡、衰败的状态，但他对中国的赤诚之情，始终未有改变，日本全面侵华战争爆发后，他似乎也没有发表过任何与当局同调的文字，想来也真有些令人感动。

为了使今天的中国读者对历史的场景有更清晰的临场感，我这里做一点文抄公，将自己以前翻译的同时代的日本文人对于江南的风景与庭园的描述文字，摘录几段在这里，以与后藤的视角和文字做一点比较。对中国的风景与庭园做最初描述的日本人，大概是1866—1867年在上海居住了7个半月的岸田吟香，他在当时的《吴淞日记》中，对上海旧城的城隍庙豫园一带，有这样的描述："此庙只有每月正朔两日对外开放。门上有额，篆书也。写着什么不记得了。进门向左，有一个用各种青白色的太湖石垒起来的假山，有池水。我们从假山下迂回穿行，颇有趣。已而穿过小桥，从竹丛处向右拐，有一个十多米的长廊，墙上画有松江图，应是相当高明的山水画家的作品。穿过一个小门，可见到处都是石碑，应该时常有人来做拓本，都黑黑的了。又走出一个门，向右行，去攀登假山。山都是用太湖石垒筑起来的。山上有一亭，上有匾额，两边有楹联，桌前有两个凳子。游人甚众。亭前有一石，敲击时会发出钟一般的响声，俗称钟山石。我用手杖击打，发出铮铮的声音，而再敲打别的石头，则闷闷的没有回声……下山后，来到庙后面，又进一门，仰视，又见一山，以江户来比喻的话，就像浅草的真土山。乃是假山。下有一池塘。过桥登的一座山筑法甚妙，迂曲向上，登上山顶，在此小憩，向四周眺望，景色甚佳，可望见城外的山林江水（应是豫园内的望江亭吧——引译者注）……出门又来到庙后，然后穿过时常穿行的弯弯曲曲的桥（应是九曲桥），至湖心亭，登楼吃茶。我甚爱此茶楼，可一眺周边的远景。且此地的茶器、椅子、台子等器具也相当不俗。悬灯尤为精致。屋内的书画也颇可一观。字是谁写的已不记得，画是竹孙的墨竹。匾上书有隶书的'湖心亭'三字，忘记谁写的了。墙上挂有山水古画，应是元人的作品吧。两边的楹联上写着：'四面峰回路转，是西湖或是南湖。一亭明月清风，在水上如在天上。'"[1]

1918年秋天，作家谷崎润一郎来中国旅行，对庐山脚下的九江，留下了这样的记述："登上烟水亭后访寺院的正殿、客堂。上悬有'鸢飞鱼跃'一匾。穿过正殿左右两侧的拱门，在临水之处即为客堂。白色的围墙上亦有窗，可眺望水上的景色。墙垣上藤蔓交缠。又至左边的客堂，由此望出的湖面风景殊美，最宜远眺庐山。故悬有'才识庐山真面目'一匾。

"出烟水亭再坐船往长堤。阳光穿破天空中的薄薄的云翳，在右舷的湖面上投射出两三束强烈的光柱。不觉间庐山已沐浴着夕阳的余晖，颜色与刚才渐有不同，在黛蓝色中不时清晰地露出几片柔缓的茶褐色的皱面。宛如前山在山后的天空中透出的阴影一般，此后还有一片更高的、逶迤蜿蜒苍郁沉黑的山脉。据太田氏说，这后面还有一片山脉，山峦呈三重状。在前山右侧山巅下稍低的地方，在茶褐色的洼陷中有一稍稍泛出白光的建筑，据说此为牯牛岭的西洋馆。庐山的山麓一直伸向远方，在与市郊相连的地方呈起伏的深黛色丘陵状，其间升荡起了鱼肚色的暮霭。堤防上有十几个年轻的市民自右向左在信步闲走，黄昏的湖风吹起了他们长衫的下摆。当是学生罢，其神态甚为风雅。左舷一带有很多晾着衣物的竹竿。"[2]

---

[1] 《吴淞日记》第三册（上），后经人整理发表于1931—1932年的日文杂志《社会及国家》。

[2] 《庐山日记》，原载1921年9月号《中央公论》，原题为《庐山日志》。此处译自《谷崎润一郎全集》第7卷，东京中央公论社1981年出版。更多译文可参阅拙译《秦淮之夜》，浙江文艺出版社，2018年。

谷崎润一郎对西湖有这样的描述："将视线转向城对面的湖上，在吴山后面逶迤连绵的慧日峰和秦望山之间，夕阳宛如闭上了困乏的眼睑似地正静谧地安闲地渐渐沉落下去。昨晚没能看见的雷峰塔离吴山也就咫尺之遥，透过南屏山烟霭迷蒙的翠岚高高地耸立着。建于距今近千年的五代时期的这座塔，呈几何形的直线已颓败得像玉蜀黍的头似的，然而只有其砖瓦的颜色尚未完全褪尽，在斜阳的映照下愈加反射出红灿灿的光来。我不意在此欣赏到了西湖十景之一的'雷峰夕照'。比塔更靠右一点的遥远的湖上的岛影，正如昨夜所猜测的是三潭印月。在岛的东面于绿树掩映中有一片耀眼的白色物，恐怕是退省庵的粉墙吧。有湖心亭的小岛又在更右边，位于我放眼所及的浩瀚的湖中央，像是被浩渺的烟波围裹着，又像是被舍弃在一旁。再一看，有一叶轻舸从杭州城的清波门畔的柳影中，直线地滑向雷峰塔下。湖面太平静而轻舸太微小，因此看上去就仿佛似一只蚂蚁在榻榻米上面爬行。就在眼前的亭子湾也有一叶扁舟出发朝仙乐园的岬角方向划去。这艘小船上只有一个船老大坐在中央，用手和脚同时划动着两支桨。不知何时夕阳已完全沉落了。西面山峦后的天空不仅没有暗淡下去反而明亮起来，渐渐地燃烧成一片通红，于是半边湖面被染成了一泓红墨水。"[1]

以创制了"魔都"一词而出名的作家村松梢风，文史造诣并不深，但他到了杭州以后，由江南的庭园而联想到日本的庭园，并对此作了一番颇有见解的比较："我初次认识到了中国庭园的美妙。每处宅邸的园内都建有池石竹林杨柳。楼阁与楼阁之间有潺潺流水。水流的深处有一丛竹林。水榭处架有一小桥。泉石流水之畔有

---

[1]　《西湖之月》，原载1919年6月号《改造》，原题《青瓷色的女子》，此处译自《谷崎润一郎全集》第6卷，东京中央公论社1981年出版。

依依的垂柳。水流一直注入湖中。这是刘庄庭园的风景之一。

"竹林的清雅以高庄为最。总体来说，江南一带是竹子的产地。到处皆有竹林。竹的修美无与伦比。南画中多以竹为题材便是很自然的事了。不过，同为竹，此竹与日本的竹感觉不一样。日本竹子的产地在京都一带。宇治、山科、嵯峨，这些京都的近郊地都有秀美的竹林。但是京都的竹林其秀美的程度毕竟不能和中国的修篁相比。中国的竹，是专为入画的竹。而京都的竹，则是用于制作落水管或是采掘竹笋的竹林。竹子虽无心灵，但两者之间却有等级和品位的高低。园内有濒于颓败的土墙。墙垣的前后皆有竹林。在茂密的竹林对面有一个六角亭。亭内有类似竹林七贤般的人物正在品茗闲谈。这是高庄庭园景象的一隅。

"看了中国的庭园之后，我体悟到了这样一点，即庭园是为建筑物增色而修建的。中国的庭园宜于从外面观看。这是与日本的庭园在意趣上的不同之处。日本的庭园是宜从屋内、从席地而坐的客堂上望出去的园林，任何一座名园都是依此精神而设计的……以观赏庭园本身来作为造园目的的庭园，可谓没有一个国家达到了像日本这样的水准。但有一长难免有一短。从另一个角度来看，在论及建筑与庭园之间的和谐、树木的阴影等诸方面，日本的庭园就要落在后面了。大致而言，建筑物都赤裸裸地露在空间中……谈到这一点，那么不管是哪一处中国庭园，园都是作为建筑物的附属体来体现其价值的。林木掩映着楼阁，泉水倒映着堂榭，它力求做到从外部眺望时能如一幅画一般和谐隽秀，并且从屋内望出去也绝不会失去雅趣。正因为它不像日本庭园那样去比附模拟宏大的物象，所以反而可以充分体味闲寂清雅之趣。若将日本的庭园和中国的庭园折中一下，能否产生出同时达到两者造园旨趣的理想的庭园呢？"[1]

至少在写这些文字的时候，上述的诸位作者，其姿态大抵与后藤朝太郎相近，对于中国抱着温暖的情感。但这只是一部分的日本人。同一时代，也有较为冷漠甚至是犀利的，比如作家芥川龙之介1921年来中国游历了几个月之后出版的一本《中国游记》，对于上海的湖心亭、杭州的西湖和苏州的寺院等，都有充满了揶揄的笔调。好在此书已有好几种中文译本，读者诸君若有兴趣可去翻览，限于篇幅，不再引述了。

真是抱歉，本来应该是认真做篇符合主题的序文的，结果却变成了文抄公，多半引述了一些自己的旧译。我的目的，乃是在于给读者提供一点比较，在与同时代的日本人的比较中，可以感受后藤朝太郎投向中国的视线，他的那份眷恋甚至是迷恋之情。我一直认为，对于自我（这里是本国）的清晰认识，在很多场合，是需要借助他者的视角和"视座"（这是一个日文词，意为观察事物的姿态和立场），在与他者的交互中，"我"才能真正确立。从这一点来说，后藤的这本书，为我们透彻地理解本国的风景和庭园（实际上是人文风土的具现），提供了一个非常有价值的"视座"，他的文字，也写得很好看，更可贵的，他为当年中国的风景和庭园，留下了一个外国人的极具临场感的描述，从这一点上来说，它还具有相当的史料文献价值。

徐静波（复旦大学日本研究中心教授）

2022 年 3 月 20 日

---

[1] 《中国的庭园》，收录于《中国漫谈》，东京骚人书局，1928 年。更多译文可参阅拙译《魔都》，上海人民出版社，2018 年。

译者序

　　摆在读者面前这本书，是1928年出版的一本介绍中国风景和庭园文化的书，作者是日本汉学家后藤朝太郎。读者读后说不定会获得不少意外的新鲜感。

　　后藤朝太郎（1881—1945），日本爱媛县人，祖籍广岛，经第五高等学校进入东京帝国大学（现东京大学）。后藤是20世纪初期日本著名的语言学家、汉学家、文字学家、造园学家，"二战"前以"中国通"著称于世。后藤著述甚丰，主要以中国文字和文化科普为主，一生著作达114部。历任东京帝国大学、东京高等造园学校讲师，日本大学教授，文部省高级顾问，日本庭园协会、东京家庭学院理事，日本文明协会和东洋协会评议。后藤于日本战败前的1945年8月9日因交通事故去世，一说是被人暗杀，但因当时时局混乱，最终未能确认。

　　参考各类文献，后藤确是20世纪初期日本学界著名的"中国通"，来往中国凡五十多次，在北京寓居多年；看作者的照片，身着长袍马褂，头戴瓜皮小帽，完全是当时最普通的中式打扮；而从此书中透露的信息可知，作为学者，后藤绝非寻常之辈，与他打交道的都是中国近代学界、文化界、政商界的第一流名人，如吴昌硕、哈少甫、辜鸿铭、王一亭、廉泉、林白水、袁励准、金绍城、叶恭绰、杨啸谷等，一个日本学者，能入此等民国时代各界一流名士法眼，首先可以确信他在中国文化方面的造诣非同小可。

众所周知，日本作为中国近邻，自古以来深受中国文化影响，但从倒幕前后开始，随着西风东渐，日本改变方向，开始以西为师，尤其明治以降，中国文化在日本社会的影响逐渐式微。当时的日本在福泽谕吉"脱亚入欧"的思想影响下，留学西方者众多，继续学习中国文化者非但得不到人们的尊重，乃至说起所谓"中国通"来，竟都带着嘲讽的语气，社会上对一部分文人的所谓"中国趣味"也都带着鄙夷不屑的负面眼光。积极介绍中国文化的后藤朝太郎更被贴满了这些标签。但他显然毫不介意。在中国期间，他连穿戴都保持中国式样。读了这本书，你会从字里行间感受到，作者确实是从心里热爱中国文化的；而作为学者，他显然是将中国文化视作世界文化遗产的重要组成部分向日本读者积极介绍的，尤其在20世纪初日本逐渐走向军国主义的险恶的时代环境下，作者对中国的态度更显得难能可贵。

后藤此书虽篇幅不长，但内容颇具意趣，倾尽作者一腔热诚，主要谈中国的风景和园林，前九章主要涉及中国的自然风景，从第十章开始则谈到中国园林文化的特点，尤其提到日本的诸多文化，特别园林艺术在很多方面借鉴中国这一历史事实。

在谈到中国对古文化遗迹的保护时，重点落在未来中国旅游资源的开发利用上。作者献计献策，在对未来中国园林事业的构想中，提出了许多有益的建议，其心之诚，读来令人感慨。

作者在提到中国无穷无尽的旅游资源时，热情洋溢地建言：

"造物主已经赐予中国大地以最美最大的天然名园。比如沿长江或溯钱塘江而上，沿岸一带的美丽风光，到处都是名园。只是没有安装娱乐设施而已，大自然就是最大的名园。比如可在长江上游看险峻的三峡，可在钱塘江上游看美丽的茶园，可在江南水乡绍兴看朴素的田园风光。这些地方色彩浓厚的乡间景色比比皆是，旅游风光的宝贵资源充满于中华大地。"

在结尾部分他更是激动地说道："笔者在此提出未来中国庭园之理想图后，不禁想为未来的中国庭园状况卜一卦：中华民族以燕山楚水的佳趣为巨大背景，未来的中国庭园公园究竟会发达到何种程度？作为一个巨大的谜，我想将此遗留给遥远的未来，请后人作答。"

这显然是作者充满善意且胸有成竹的提问，而中国的后来者也基本做了令人欣喜的回答。在作者所处的那个时代，外国人莫论，连温饱都无法保证的中国人是很难自由旅行的；而如今，且不说已知的名胜，甚至连遍访中国名胜古迹的作者也没看到的风景名胜都已被发现并开发出来。比如近几十年中开发的九寨沟、张家界等，现在都已成为世界闻名的风景胜地，成为中国重要的旅游资源。前几年译者有幸游历湖南著名旅游胜地张家界、凤凰古镇，还曾游历过江南古镇南浔、西塘、朱家角等地，亲眼看到作者当年无缘看到的张家界的奇景和修缮备至的设施，虽处处悬崖峭壁，却可供无数观光者游乐观赏；而开发后的江南古镇出现了游者如云的光景，作者若九泉有知，一定会感到十分欣慰。

如今看来，作者有些预测已经如期实现；但有些问题也依然存在，不得不让人佩服其百年前预测的前瞻性。其思想竟与我们如此接近，甚至超越了今人的境界，这是读来既让人惊讶，又让人倍感亲切的部分。

此书虽以随笔形式写就，却又像是一篇教学讲义，作者对自己喜爱之处，不惜多次重复，事无巨细，一一指出，尤其对中式园林的样式和今后的保护措施，总结得十分到位，对中国风景旅游资源的预测又多了一些严肃的学术味道。此书成书于1928年，彼时的中国正处于各地军阀割据、连年混战、民不聊生的年月，名胜古迹受到各种破坏，这无疑让作者倍感遗憾，有很多呼吁今日读来也能让人感受到作者作为一位日本学者的热忱之心，令人肃然起敬。

作者在谈到关于中国文物古迹的保护时，十分尖锐地指出："中国人从来爱讲大局观，不仅庭园如此，虽然'国破'但仍有'山河在'，大凡世事一切皆可以此模式类推。当初新造之时都格外讲究，但仔细保护下来的文物少之又少，以今日中国国情来看，对名胜古迹保护的阙如倒也情有可原。即便有对庭园进行保护和管理的意识，也是心有余而力不足。听说偶尔尚有学者提出对名园的保护建议，但也不过是泛泛之谈。看着名园逐渐消失，为学界名誉着想，当务之急是尽快进行挽救；与其空谈，倒不如抓紧时间尽快对东方建筑艺术的精华进行研究，并为此展开各种学术考察。田野调查目前还来得及，在足够的调查勘察之下，积累重建的经验是最重要的。耽搁一日，名园的形制毁坏就多一分，渐渐完全消失，最终连研究对象也失去，那才是最可惜的。"

眼看山河破碎，古迹湮没于兵火战乱，确实是那个时代任何一位爱国之士都痛惜的现实，这又不由得让人想起梁思成夫妇为此项事业做出的大量野外调查工作。好在中国知识分子还不都是幻想空谈者，为了祖国文化保护事业，他们付出了巨大的劳力和牺牲，十分令人敬仰和欣慰。梁思成夫妇作为专家和作者的同时代人，是否也注意到了后藤朝太郎先生的提醒呢！

即便如此，仅靠梁思成夫妇来完成这项事业显然过重了。事实上，直至今日，此项事业依旧任重道远，祖国大地上还有许多古建筑仍然面临各种自然和人为的危机。

那个时代还遗留下许多有待解决的实际问题。作者对20世纪初的中国政治情况显然是不满又无奈的，他看到上海的一些公园不允许中国人进入的歧视性标示，很明确地指出其野蛮性，认为这注定会在未来取消。对于北京一般公园仍收门票的情况，在当时两极分化的社会背景下，实际在起着排斥大多数人的作用，作者也表示了不认同。作者在文中说道："作为公园，娱乐设施一切准备齐全，全等具有一定资格的客人入场。其实也就意味着，即便这城南公园，也同样有不具入场资格，无奈之下不得不离它而去之人。"

旧中国存在那种不合理的状况，自不奇怪，但在现如今，不得不说，这现象并没有完全解决，"公园"不"公"的现实仍然存在。各地著名景区门票居高不下，部分民众客观上被排除在外，这类问题，仍有待今人去解决。

作者尤其欣赏中国的江南风情，十分睿智地预见了近年来盛行的江南古镇游。今天中国旅游文化的一切细节，基本都在作者的预测之中，甚至包括一些不可避免的负面问题，如过度商业化、密集化，以及重修过程中的过度雕琢，等等。我想，本书的出版对我国园林文化的发展，应该具有一定的参考意义。

作者虽是大学教授，却不是只会教书的老学究，终生身体力行，亲身考察中国各地，进行田野调查，范围从北到南，从东到西，足迹遍及各地，竟让人有现代徐霞客之感。那是中国最混乱的年代，军阀混战，土匪作乱，考察途中甚至可以听到枪炮之声，然而就是在这种状态之下，作者仍走遍了中国各地，做了大量珍贵记录。

毕竟是百年前的著作，文白相间，书中带着不少那个时代的痕迹，但文字优美，既有记叙，也有真情流露。作为一个日本人，作者却拥有浓厚的中国文化情结，对中国古代诗文旁征博引，信手拈来，竟让人产生正在品读一位传统中国文人作品的错觉。

作者对中国风景名胜的热爱之情，到了执着的程度，除了新疆、内蒙古和西藏，他的足迹几乎踏遍全中国。无论对东北、华北大平原的描述，还是对巴山蜀水的感叹，抑或对潇湘八景和江南风情的倾心，再或者对北京皇家御花园北海、颐和园的赞叹，对西湖周边风光发自内心的喜爱，乃至对中国庭园的一些细节的关注，随处都可见作者的真情流露。细细读来，你会感觉一位百年前的老学者，正一步一步向我们走来：他时而如循循善诱的师长，叙述自己对中国风景充满爱的见解；时而如散文家，笔触似行云流水，娓娓道来，对我们的祖国大地做着充满诗情画意的描绘，信手拈来的一些中国古诗词，更添了许多亲切感。

译者小心翼翼，在保留一定的时代韵味的同时，尽量扫除不必要的违和感，尽力体现译文的流畅性。

毕竟是位百年前的老先生，译者在翻译此书前，对作者经历也不甚了解。翻译中为了解作者情况，查阅了一些相关文献，才知道作者作为大学者的真实面目；为让读者多了解一些背景情况，让作者更具立体感，不惜在此多添一笔。

由于后藤在中国寓居时间较长，行走全国，积累了大量第一手的民俗资料，大部分著作也都集中于对中国民俗文化的介绍，给一般读者的印象不过是一位中国社会民俗科普作家。而实际上，后藤朝太郎从学术上说，首先是位语言学家，他对汉语文字和音韵学的研究在当时日本属于第一流水平，尤其以《汉字音的系统》一书评价最高。写该书时，作者27岁，毕业于东京帝国大学不久，此书出版后一度震惊日本学界。其实此书出版之前即已受到学界重视，由日本教育界权威伊泽修二[1]和著名语言学家上田万年[2]两位大学者亲自为其作序，评价甚高。伊泽修二在序中说道："古来汉语音韵著作可谓汗牛充栋，尽管如此，后藤君仍勇于挑战，对汉字进行解剖，将其表音部分的最基本音素提取出来进行分析，以期对汉字语音系统做更为科学的研究。这是前人未竟的事业，连西方学者也没做过。笔者多年来苦心孤诣进行研究未获成功，不禁对后藤此书的出版感慨至深。"

而另一位语言学者上田万年对他的评价也同样很高，说后藤的研究让日本汉学界以及欧洲学者瞠目结舌，他的构想本身就很惊人。他在序中说："后藤君的研究成果，一定会推动我国（日本）汉学研究出现新的高潮，并使我大学（东京帝国大学）东洋学部的研究得到进一步的巩固。"当时日本和欧洲的汉学界对汉语语音的研究还都处于收集资料的阶段，虽然也有部分论文出

---

[1] 伊泽修二（1851—1917），毕业于东京帝国大学南校。明治时期日本的教育学家、汉学家、文部省官僚。历任爱知师范学校（现爱知教育大学）、东京师范学校（现筑波大学）、东京音乐学校（现东京艺术大学）校长，贵族院议员、高等教育会议议员等。著述甚丰，代表作有《学校管理法》《教育学》《视话应用：清国官话韵镜》等。

[2] 上田万年（1867—1937），日本著名语言学者，东京帝国大学国语研究室第一代主任，文学系主任，弟子有著名语言学家新村出、桥本进吉、金田一京助、龟田次郎。后任文部省学务局长、帝国学士院院士。在比较语言学、音声学等领域引入科学的研究方法，为此领域的权威人士。

现，但从方法论而言，受到德国语言学家马克斯·缪勒[1]影响的后藤，开始使用音素等科学手法对汉语语音进行系统研究，在当时来说具有开创性意义。同时代的汉学家岗井慎吾[2]的《日本汉字学史》中也提及后藤朝太郎："关于汉字音系统的著名学术著作有后藤朝太郎的《汉字音的系统》，出版于明治四十二年（1909），作者毕业于东京帝国大学，此书摆脱旧的方法论窠臼，开辟了崭新的汉字语音学研究途径。"对后藤的研究给予了历史性的评价。

但之后的后藤显然并不满足于此，他继续深入对文字学，尤其语音学的研究，乃至对甲骨文的研究解读，以及神话传说、人类学、绘画美术、语言学、历史学、心理学和文学等诸多学科，而如此一来，他自己关于中国整体知识的认知不足便成为切实的短项。意识到问题的严重性后，后藤很快便付诸行动，前往中国开始了长年的田野调查。他首先去的是古汉语语音遗留较多的山西、陕西、河南和山东等地。而此考察一旦开始便不可收，长达数十年。在中国的考察生活既增长了他的知识，也开阔了他的视野，并促进了他对中国文化跨学科的考察，以至于后来写了许多介绍中国文化的著作。我们眼前这部书，也不过是其中之一而已。如果不是1945年作者因交通事故去世——当时只有64岁的作者，正是处于出成果的年纪——不知会有多少更有价值的中国研究著作问世，实在遗憾之至。

---

[1] 弗里德里希·马克斯·缪勒（Friedrich Max Müller，1823—1900），生于德意志邦联德绍，德国文字学家和东方学家，长于印度学，是西方学术领域中印度研究与宗教比较等学科的奠基者之一。而他所主持翻译多达50册的《东方圣典》（Sacred Books of the East）成为维多利亚时代学术的永久性纪念碑。后藤朝太郎受其影响极深，曾翻译其学术著作《语言学》。
[2] 岗井慎吾（1872—1945），著名汉学家。代表著述有《玉篇的研究》和《日本汉字学史》，后书中曾提及后藤朝太郎对汉字音韵学研究所做的贡献。

而且通过对中国的实地考察，后藤发现，日本及欧洲的汉学界长期以来囿于对中国古文献的考察，而对中国现状漠不关心，这种汉学既与现实脱节，也缺乏作为一门学科的科学性，从而提出了创建"民国学"的主张，把贯穿古今的中国社会整体作为研究对象；而几乎同时期，日本汉学界京都学派的权威内藤湖南[1]基于同样的理由提出了突破旧汉学的框架，开创"支那学"的提议。但后藤深知"支那"称呼对中国人的感情极具伤害，后来索性提出了"中国学"的建议，这显然比内藤湖南更进了一步。只是因为当时日本汉学界京都学派的影响力远高于后藤，致使后藤的声音未能受到应有的重视。

　　由于篇幅限制，译者只能浅显地对作者做一点概括性的介绍，而本书只是作者对中国风景和园林文化的部分见解。但愿此书的出版能促进国内对类似作者这样的日本"二战"前学者的了解，并对中国园林艺术事业起到一点参考作用，且让年轻读者知道一点日本人眼中的百年前中国风光。毕竟是百年前的著作，翻译或有疏漏之处，还请业内同仁多多指教。

李复生

2020 年 8 月 31 日于日本千叶县柏市

---

[1]　内藤湖南（1866—1934），京都帝国大学（现京都大学）东洋史教授。战前与白鸟库吉并列，是日本最具代表性的东洋史学者之一。因邪马台国论争，中国唐宋断代论争，成为史学界著名的京都派代表。代表著述有《东洋文化史研究》《中国上古史》《中国中古的文化》《中国近世史》《中国史学史》等。

序

在日本人心目中，这犹如马背一般狭窄的岛国日本，诚然是自己的自由天地，然而说起庭园或者风景，却又到底无法摆脱它箱庭[1]式的范围局限。再过25年，预计日本的人口将达到1亿左右，到那时再看，估计这箱庭会愈加显得狭窄，我们将迎来一个不得不直面这重叠式的箱庭一隅来满足自身趣味的时代。

面对这日趋狭窄化的日本现状和未来，再看中国大陆的庭园和风景并试加思考和比较，后者幅员辽阔自无须多言，两者之间确有无可比拟的悬殊。如此看来，竟有一念产生，比如作一宏大规划，将濑户内海一带划为水上公园，泛舟其上，或索性将其改造为浩大的海上乐园，岂非妙案！如果说三峡的百里风光可算中国大陆景色一绝，那么同样海岛遍布的濑户内海，景色宜人，就此注册一个千岛公园的名称，估计也不算过分。再作奇拔天外之遐想，便将岛国日本整体都视作中国大陆的东海公园似也不错，即以中国的眼光来

---

[1] 日本特有的一种类似于中国盆景的袖珍式庭园。在小小的木框里，模仿园林，并配置以各种房屋、人物模型而成。是日本从平安时代即有的一种艺术形式，现代已有一定变化，主要作为儿童游戏的道具使用，近年也作为医疗器具用于精神疾患的精神治疗。——译者注（后文如无特殊说明，均为译者注）

看，应该也不过如此，能够说得通。

中国大陆的山地也罢，平原也罢，其国土辽阔自不待言，从风景论来说，也是"飞流直下三千尺"式的宏大叙事。比如描写庐山的瀑布，诗仙李白有诗云："日照香炉生紫烟，遥看瀑布挂前川。飞流直下三千尺，疑是银河落九天。"从李白这首七绝可知诗中对景色的形容是何等雄浑豪放。笔者一行也曾到庐山南麓实地游览赏玩，亲眼看到实景方解李白诗句的形容绝非偶然。而中国庭园规模的宏大亦无疑是源于大自然造化之鬼斧神工。何以能够成就王者庭园之伟，于日本来说，则做梦也难以企及，这才是中国庭园的真实面目。实地考察中国南北各地庭园，由浅入深，了解至详，其间雄伟者有之，温婉者有之，清丽者有之，禅味者有之，风格各异，绝无雷同。笔者游历过的庭园纵然不少，于中国庭园的整体来说，亦不过九牛一毛。本文在此只将笔者游历所见庭园尽可能忠实地予以介绍，若能给将来有意在此领域做进一步研究者提供一些参考则十分荣幸。

此外，本书作为中国庭园游历见闻之介绍，起初即有为公众提供某种参考的目的。借此出版之机，若能从庭园协会方面得到中国风景和庭园爱好者的协助，十名、十五名均可，且与笔者等一起成行，实现南船北马游历中国的壮举，则更是令人愉快之事了。诚望由素来享有世界盛誉的旅行家本多博士[1]担任本旅行团团长，并能为此纯学术性的中国风光和庭园考察发起第一声呼吁，若蒙首肯，则幸甚！

后藤朝太郎

昭和三年（1928）于迎贺元旦之北京城内

---

[1] 本多静六（1866—1952），日本著名林学博士、造园家、股票投资家。被日本人称为公园之父。

目 录

第一章　中国风景大观

第一节　中国风景观赏

欧美的风景如今受到举世赞赏，说起山便是阿尔卑斯山，河便是莱茵河，瀑布则是尼加拉瓜瀑布，湖就是日内瓦湖。但凡说起风景，如若不以欧美此类风景为参照物，简直就到了无法想象或难以描述其景色之美的程度，以至竟出现了日本阿尔卑斯山、日本莱茵河等新词语。这便也罢了，就连中国台湾北投的温泉，若不把它吹捧为中国台湾的巴登巴登[1]，似乎也无从想象其美。随着西风东渐而形成的我国（日本）国民的日常文化生活，乃至一日一夜无欧风洋气简直就没办法过日子。亚洲人实在无须太过气馁，实际上近来有许多欧美人可能是对本国风景有些看腻，抑或只是出于个人爱好，为了拍摄中国大陆的天然风光，已有不少专业摄影师不远千里

---

[1]　巴登巴登，德国度假小镇，位于奥斯河谷中。城市沿着山谷蜿蜒伸展，背靠青山，面临秀水，景色妩媚多姿。德语里"巴登"是沐浴或游泳的意思，巴登巴登是欧洲最著名的温泉疗养胜地，同时也是德国最大最古老的赌城。

之遥来华，堪为盛事。

亚洲大陆的话题就到此为止，本书仅就中国大陆本土名胜加以考察叙述，以期进一步就中国大陆风景向世界做更为全面的评价和介绍。若能由此促进具有中国特色的大陆交通网的建设，促成各国游客不断来华观光，则善莫大焉。笔者来华漫游前后 30 回有余，回想其间长途跋涉，游览诸多名胜风景，山有庐山，水有长江（三峡），瀑布有李白诗题"飞流直下三千尺"的庐山瀑布，湖有洞庭、鄱阳，都是东方风景中有口皆碑、具有代表性的山水胜地。

如果以中国大陆为中心来遥看远东地区的天然风光，中国之外尚有朝鲜的金刚山（万物相、海金刚）[1]，日本的濑户内海、富士山，可以选择此类名胜加以比较。中国国土辽阔，从地质地壳上看，南北之间相差甚远便不说，光从地貌上看，其变化之多种多样已不可胜数。大自然的伟大自不待言，而中国大陆五千年的历史更为之添色不少，给中国的风景美赋予更深一层的人文意味。自然形成的风景本身诚然已自有其绝对价值，从此点考虑，貌似没有必要掺杂对千年历史的怀古之情；但事实上在面对中国这样一个古老国家时，人们对其历史和人文方面的遐想又实在难以回避，在面对这山水美景时，人们往往会不由自主地生发思古之幽情，而这遐想毫无疑问也在无形中增添了中国山水的人文魅力，这委实都是事实。私以为，在欣赏体验中国风景大观时，以上所述是特别需要留意的一点。

当今日本进入昭和时代，欧美旅游已日益便利，即便不亲身访

---

[1] 金刚山位于朝鲜和韩国交界。金刚山景区分为内金刚、外金刚和海金刚三部分。万物相在外金刚地区，是著名景胜，名称来源于天地创造之前天神制作的"万物雏形"之意。

中国的风景与庭园

问，也有各种介绍乃至电影、纪录片之类，信息繁多，如欲了解，毫不费力。反之，唯中国大陆旅游并不容易，旅游介绍书籍难以获取，即便有少量介绍，也基本限于长江下游一带、泰山、曲阜、万里长城（八达岭附近）等极少部分而已，欲进一步接触大陆内地风光则甚难，这都是事实。另外的情况便是，即使心有前往中国旅行之意，身体条件亦可，且有余暇，但中国的时局难以安定，踌躇之下，无法决断之人亦不在少数。由于以上原因，说起来中国大陆虽为日本近邻，可事实上不但前往旅游、观赏风景极为困难，而且涉及中国之事皆难如愿；说是日本邻邦，可惜却被视为谜一样的国度，陷于万般无奈、令人无法理解的境地，乃至其风光实力难为世人所知。

目前若以日本所存的文献资料来看，古来中国大陆的风景大观选其最秀逸者，大概应有如下各项：

（1）沧海日出；

（2）赤城之霞；

（3）峨眉之雪；

（4）巫峡之云（三峡之巫峡）；

（5）洞庭之月；

（6）彭蠡（今鄱阳湖）之烟；

（7）潇湘之雨；

（8）钱塘之涛（浙江钱塘大潮）；

（9）庐山之瀑（李白诗作中之瀑布）。

此九景被选为天下奇观，始于清朝嘉庆年间，当时安徽有雅人

上／三峡峡谷两边的高峰　下／钱塘江　甘博摄　1917—1919年

中国的风景与庭园

邓完白[1]首发此创意，被笔者注意到（参见拙作《中国风俗故事》第273页）。凡此胜景奇观，在中国古来文人墨客的诗画中已有介绍，故而闻名，但其中也不乏徒有虚名者，甚至连名称渊源都无从查找。实际情况究竟如何不得而知，现代中国人没有亲身访问的记录，仅仅根据古人的诗句描写想象而成。所以此九景并非经过严选及确认，未必妥当。遗憾的是，日本目前也未听说有实地考察的计划，大约10年前成立的日本庭园协会虽曾多次由有志之士提出实地考察的大胆倡议，却也始终是纸上谈兵，未能付诸实践。

第二节　中国各地景区跋涉

实地考察中国大陆风景，虽说跋涉艰难，却也未必天天都攀登在白云缭绕的蜀之栈道或者卷在三峡激流的漩涡之中。但是，各界人士大多先入为主，把中国旅行看作万难之事，故而难以成行。

此外，偶尔也会因为受土匪或战乱之扰，被打乱行程，难于决断。凡此种种，都难免让旅途显得变幻莫测，令人不胜担忧。如此一来，有缘欣赏中国大陆山水美景的旅行者，也就只能局限于极少数的一部分人，比如慕名前往写生的画家，有志于大地考察的地质勘探家，或在各省会城市间执行某些重要任务的巡察人员，再或者就是一些避世的山僧、修行僧、学者和文人等。而人们无奈之下，

---

[1] 邓完白（1743—1850），名琰，字石如，后改顽伯，号完白山人，安徽怀宁人。性廉介好古，工四体书。日夜临摹钟鼎、石鼓、秦汉的刻石和瓦当文等，篆、隶功夫极深，是清代书法界巨擘，被认为是自李斯、李阳冰以来的名家。

虽不得已也只好以此类人等的纯属涉猎程度之贫乏文字来满足自己的求知欲，这便是目前的实际状况。

中国大陆旅行由于综上所述的实际困难，普通人目前若想实现走遍中国全境、看遍中国奇观的愿望，委实相当困难。如果能有机缘，实现以摄影家或电影、纪录片制作者为主的旅行团赴华考察之远征壮举，而我辈也可借此一赏中国大陆奇观，则幸甚！

世人说起中国大陆的美景名胜，都以为必定是人烟稀少、四季猿声不息的秘境之地。但实际上一旦深入内地辗转考察便会发现，比如三峡地区，即便像巫峡、瞿塘峡这样处处悬崖峭壁有如仙境一般的地方，竟也是"白云生处有人家"，有田亩，云烟起处仍有人影往来，别是一番人间天地。如此与世隔绝的天下奇景，天外幽玄之境，却有从数千年前的尧舜禹时代以来的原住民生活其中，或住洞穴，或住矮屋，繁衍不息，观之令人惊诧不已。我们时常看到他们以绳索作云梯攀缘绝壁，或以葛藤作吊桥，在高山绝顶处筑屋而居。总而言之，巴蜀秘境之地，美景诚然数不胜数，尤以在一些看去除猴子、老虎便万难生存的绝地，仍有人类在努力追求自己的生活居所，实在令人称奇。在这云烟万里、天外有天之处竟发现传说中的桃花源乡，无疑给人一种难以言说的异样感觉。若问这仙境中的人类活动又给中国风景大观增添了何种色彩，竟让人一时语塞，无从答复。在考察中国大陆山水风景时，也有人说如此伟大的美景中有人类的活动总有美中不足之感，若能排除人类只保留自然风景似为更好，我对此甚不以为然。中国古来山水向来讲究需有人烟，有人气，有仙人隐士往来，人类活动与自然风光相得益彰，人间仙界，两不妨碍。有人或以大自然的神圣不可侵犯为由来进行非难，总之似乎不宜让神圣之物染上俗气。其实如前所述，幽境中添

　　　　　　　　　　　　　　　　中国的风景与庭园

加些许人气，赋予某种亲切感，让自然界更富于人间情趣，岂非乐哉！

中国风景谈，自古即有渔樵问答的典故[1]，还有为历代雅士所欣赏的《高士观瀑图》的存在，这都是从以上见地出发得出的美学见解。在中国大陆旅行观赏之际，有无人烟并非绝对条件，但于美景而言，笔者倒以为，与其没有人烟，毋宁偶见人家炊烟，多些人间情趣才更好。

---

[1] 《渔樵问答》，作者邵雍，北宋儒家五子之一，着力论述天地万物、阴阳化育和生命道德的奥妙和哲理。邵雍精研易理，儒道兼通，他毕生致力于将天与人统一于一心。渔夫作为"圣者"与"道"的化身，由来已久。《庄子·杂篇·渔父》中曾记述了孔子和渔夫的详细对话。屈原《楚辞·渔父》也讲了相似的故事。历史上最有名的"渔"的代表是东汉的严子陵，早年汉光武帝赏识他，多次请他做官，严子陵却一生不仕，垂钓终老。

第二章　中国大陆风景之美

第一节　与世界风景的比较

　　若以世界级风景标准而论，作为候补，中国哪里的景色可以考虑入围呢？欧美人历来评价较高的中国风景似可举长江、庐山和八达岭（万里长城）等地，大多限于长江中下游地区，而洞庭湖或三峡以上的长江上游地区则甚少为人所知，虽有一些相关的写真集发表，却也寥寥可数。庐山的名气应该来自山巅的牯岭，与它作为避暑胜地而闻名于世有极大关系，而事实上如庐山五老峰、香炉峰和虎溪三笑等更具观赏价值的景致还有许多。此外，八达岭也不过因为地处北京北郊，距离市区较近，来往便利而广为人知。作为打开中国北方之门的钥匙，长城蜿蜒于万山之巅，由峰至谷，由谷至峰，绵延3120千米，成为一个伟大的地标式建筑遗址，无愧于世人的赞叹称奇。

　　如此伟大的建筑，以其规模宏大足以博得世界各国人士为之惊叹自不待言，但令人遗憾的是，相比之下，更为雄伟壮观，真可谓

牯岭寺庙入口　甘博摄　1917—1919年

放之天下无敌手的三峡却不知为何宣传甚少。虽然写真集并非完全没有，但系统的介绍和信息则甚少听闻。实地考察时，只见雄踞天下的峡门之水有如从天而降，激流在江中搅成巨大的漩涡，水势汹涌，观之令人色变；激流澎湃数百里，沿途水光山色，连天绝壁犹似并列屏障，逶迤连绵，面对如此壮观的三峡风光全景图，即使称之为世界风景之冠，怕也不算溢美。若以两岸的绝壁、千变万化的奇绝景色来看，美国约塞米蒂国家公园[1]的景色与其多少有相似之处，然以三峡连绵不绝的壮美风光而论，终究拥有超过前者千百倍的力量，足以让人心悦诚服地慨叹其规模之恢宏。

再说长江中游，由湖南城陵矶之岳州（今岳阳）向南，进入以洞庭湖水系为中心的所谓潇湘八景地区。如景胜名称所示，景区被赋予了浓郁的文学色彩和历史联想空间，增添了更多人文成分，也对提高景区声望寄予了软性力量。从风景特点来说，江南水乡范围广袤，山水灵秀，极具优美之情趣，而潇湘八景则极具代表性，可称江南风光之首。如今但说中国大陆江南风光，首先必提水乡情趣。作为典型的水乡风景，人们也理所当然会追问中国的水乡风景能否作为典范列入世界级水乡风光之林。若以上述见地出发，笔者以为足可名列其中。江南水乡极富情调，尤以浙江一带为佳，其中

---

[1] 约塞米蒂国家公园位于加利福尼亚中部偏东，距旧金山市400千米，面积3100多平方千米。流经公园的两条河默塞德（Merced）及图奥勒米（Tuolumne）起源于白雪沟山顶。公园自然风景优美壮丽，融细腻与粗犷于一体，平均每年吸引300万名以上的游客前来观览。

中国的风景与庭园

峡谷右边的高峰　甘博摄　1917—1919年

杭州桥　甘博摄　1917—1919年

中国的风景与庭园

钱塘以南的景胜，如王羲之兰亭故址及其曲水流觞[1]的典故发生地绍兴会稽一带运河的自然风光最为著名，应是大陆南方风情中最有代表性的地区。中国大陆江南水乡古镇的全景图一旦向世界展开，作为世界级水乡景胜，相信会赢得全世界游客的啧啧赞叹。

与北方山岳的巍峨雄伟相比，江南水乡几乎在所有方面都与前者形成反差，之所以如此，皆以水乡的丰美柔润的气氛为其首要条件。湖畔也罢，江岸也罢，运河也罢，无水不成趣，水是江南水乡风景不可或缺的要素。水随昼夜时辰和四季变化，或起云烟，或飞霞雾，或成雨雪，变幻微妙自如，柔美万端，此为江南水乡风景的最大特色。

说到北方的美景，看过泰山便知，奇岩峭壁，气势恢宏，自无须多言。相比南方，北方风景更以人文建筑遗址等为特色，建筑遗址本身即已具有伟大的艺术景观价值。这方面首先要说北京的城墙，天坛的祈年殿、圜丘，紫禁城的诸多宫殿，北海、中南海、颐和园、昆明湖等园林，再往远说，明十三陵，乃至大同的云冈石窟等，此类人工营造的建筑均规模宏大，伟岸磅礴，数量繁多。至于长城之伟自明，即不赘述。尤其要提的是北京宫殿建筑群，其艺术价值足以列入世界伟大建筑之林，引为中国之骄傲。

---

[1] 曲水流觞是中国古代汉族民间的一种传统习俗，后来发展成为文人墨客诗酒酬唱的一种雅事。夏历的三月上巳日人们举行祓禊（fú xì）仪式之后，大家坐在河渠两旁，在上流放置酒杯，酒杯顺流而下，停在谁的面前，谁就取杯饮酒，意为除去灾祸不吉。此传统历史古老，最早可以追溯到西周初年，据南朝梁吴均《续齐谐记》："昔周公卜城洛邑，因流水以泛酒，故逸《诗》云'羽觞随流波'。"曲水流觞主要有两大作用，一是欢庆和娱乐，二是祈福免灾。

泰山石阶　甘博摄　1917—1919年

　　　　　　　　　　　　　　　　　中国的风景与庭园

皇城紫禁城远景（景山远望）　常盘大定、关野贞摄　1918—1924年

第二节　长江浊流礼赞

在考察和评价中国大陆美景时，中国人甚少注意，而日本人却非常敏感的一个情况是长江水质的混浊问题。从中国人的角度来看，自然都是生来便看着这如酱汤一般混浊的江水长大，似乎本该如此，毫无不可思议之处，作为景观也绝无不雅之感。非但如此，又因江水颜色与两岸的绿色原野形成反差，且与岸边杨柳的新绿相映成趣，更显得别有风趣。即从笔者来看，长江的淡黄色彩给人以温情脉脉之感，经年累月之下，已与四周的自然色调浑然一体，相得益彰，实属造化之功，妙不可言也。

但在日本方面看来，即如黄河，顾名思义，实乃黄色浊流，尚可理解，乃至长江竟也如此混浊，便多有出乎预料之感。作如此考虑之人不在少数，以至有人说长江水质的混浊乃一大缺陷，颇有破坏长江景观之嫌。从日本风土来说，人们看惯了清澈的河水海水，面对中国长江浊流，以风景论来说，便有不以为然的声音。对长江批评者大有人在，具有代表性的说法如下：

> 长江作为世界大河之宏伟确实令人惊叹，若水质并不如此混浊，则何其伟哉！实在可惜之至。但长江何时可清呢？好像也完全没有希望。

其实所谓"百年河清"[1]之叹，以长江为例同样适用。长江的浊流是否从几万年前开始便是这样不得而知，但长江的浊流并非仅是从上海溯及武汉的966千米段，一直到1600千米以外的宜昌，甚至乘船上溯到2414千米外的四川叙州（今宜宾）为止，也同样是混浊的。估计一直到金沙江（长江上游），乃至接近水源的青藏高原处，也仍是浊水。据说有人一直考察到长江源头，发现在水源地附近长江已是浊水。诚然，若看长江支流，无论四川地区流经峨眉山的岷江，还是以贵州为发源地的赤水，皆为清流。即便浙江的钱塘江流域也有同样现象，主流是浊水，支流追溯到安徽屯溪、歙州、威坪、街口、淳安一带也都是碧蓝的清水，但流到严州（今浙江建德梅城）一带，与来自常山、衢州、兰溪的主流浊水汇合之后，便很快又变为浊水了。

中国河流以颜色为淡褐色的黄河为首，其流域内的主要河流，无论北方、南方，大多都是浊水，连福建的闽江，流经两广的珠江同样也都是相当混浊的江水。即以湖水为例，浩渺如洞庭湖也是浊水，但却呈现出一派浩瀚无际、温馨和丰饶的情趣。

如上所述，在考虑中国大陆风景的风土状况时，必须理解浊水是其主调，这是中国山水的一个基本概念。日本人看惯了青松白沙和清流之水，对中国风景中河流的水质问题大都抱有较为遗憾的心情，但此类实际问题，作为中国大陆景观的一个特色，从最初就应予以理解才是。况且考虑到与黄土质的大平原的协调关系，应将其作为中国大陆风景色彩的一大要素来解释。

---

[1] "百年河清"出自中国成语"河清难俟"，意思是很难等到黄河水清。比喻时间太长，难以等待。典出《左传·襄公八年》。

江边石崖、江中小船　甘博摄　1917—1919年

中国的风景与庭园

第三章　中国的风景与历史

第一节　名胜皆与历史相伴

登临泰山，你一定会想起杜甫的诗句"一览众山小"；南天门外观五大夫松[1]，你应会缅思传说中秦始皇的古事；游杭州西湖，你可以追寻古都临安的历史；登庐山观香炉峰，你更可遥想李白诗歌之豪情。游中国山水，多少知道一些中国古事，即便程度有高低，但总有萦绕名胜古迹的古代传说故事世代流传，有帝王逸事，有文人墨客的诗篇，有无数风流韵事供后人回味，这些历史文学联想的空间也必定会为风景名胜添上更加瑰丽的人文色彩。

从现实角度来说，中国如今四分五裂，只以其历史和人文著称于世。世人在提起中国时，说的也都是历史、文学和艺术。所以在说起中国各地的风景名胜时，是很难脱离其历史和文学背景来单独称颂这些风景的；若脱离这些，其风景名胜价值无疑也会大打折

---

[1]　五大夫松：典出《史记》，秦始皇登封泰山，中途遇雨，避大树之下，因此树护驾有功，遂获封"五大夫"爵。清雍正年间补植五株松树，现存两株，为泰安古八景之一。

泰山五大夫松　常盘大定、关野贞摄　1918—1924年

扣。比如说起韩信台[1]，就会提到与韩信相关的历史逸事；说起苏堤，便会提到苏东坡；说起白堤，自然就是白居易。如此这般，围绕这些名胜的历史由来和逸事自然也给这些名胜增添了无穷的趣味和人文价值。

其实风景本身并不因为相关历史的存在便让人尊敬，相关历史有时会让风景显得沉重，甚至因此而使风景的绝对价值受到忽视。事实上，确实也有不少历史遗迹虽然颇为有名，但作为风景本身却毫无称道之处。当然历史文学的价值也还是有程度之差的，最好的情况是风景本身的价值已经得到公认，同时又确有值得尊重的历史价值，诚然这是最为理想的状况。这当然都不过是理想论，但中国名胜大都因史话而闻名，这也是不争的事实。以笔者稍显老派的说法而论，中国本来就是文明古国，拥有数千年的历史，无论燕山楚水，可说无一地没有史话传说，整个中国都可视作名胜地和古国遗址来加以考虑亦不过分。这古国大地委实埋着太多的古来人文趣味。所以在论述中国风景时，必须在中国史籍和传说等人文基础方面拥有相当的知识修养，否则便难以理解其妙。严格来说，这个问题作为研究中国风景的一个法则也不为过。

---

[1] 韩信台：位于今陕西城固东北、渭水河北岸。韩信，淮阴人。早年家贫，尝从人寄食，曾受胯下之辱。秦末参加项羽部队，因不受重用，改投刘邦，被拜为大将军。后帮助刘邦平定天下，为西汉开国功臣，中国历史上杰出的军事家。汉朝建立后被解除兵权，徙为楚王。后被人告发谋反，贬为淮阴侯。后吕后与相国萧何合谋，将其骗入长乐宫中，斩于钟室，夷其三族。

第二节　长江沿岸的史迹

说起春秋战国时代的干将、莫邪[1]，都知是中国无人不知的名剑匠人；可说起名剑的制作地点，只知道在江南，传说应在长江流域一带，具体地址便十分模糊了。比较令人信服的说法据说是在如今浙江省杭州府武康县（今属浙江湖州德清）的莫干山，当地方言称为摩根山。笔者自己也曾深入实地进行过考察，当时是从湖州德清的乡下沿水路乘船前往莫干山麓的三桥埠的，在当地雇了轿夫，坐滑竿[2]登山。此地本是西洋人的避暑候选之地，恰逢中国排外正盛，西洋人不得已只好放弃，可惜已经搬来许多设备，本来的计划全部成为泡影。当地景色以竹林为一绝，与中国古时"竹林七贤"韬光养晦的竹林以及镇江的竹林寺齐名天下。笔者当时为寻找锻造名剑的遗址，经当地人指引，遍山寻找，在半山腰处发现一个被当地人称为"锻剑池"的洼地，据当地人说，这就是当年锻造干将莫邪双剑的遗址。究竟是否史实且不论，此传说中的遗址存在本身，就已赋予莫干山所具有的历史价值以极为重要的地位。

---

[1]　干将、莫邪是古代中国传说中的人物，最早出自汉朝刘向《列士传》和《孝子传》，后来被历史上诸多著作摘录和引用。最流行的版本为志怪小说集《搜神记》。干将，春秋时期吴国人，是楚国最有名的铸剑师。他打造的剑锋利无比，楚王得知后命其铸剑。后干将与其妻莫邪奉命为楚王铸成干将、莫邪二剑。由于知道楚王性情残暴，干将在将莫邪剑献给楚王之前，将干将剑留给妻子并传给了儿子，后来干将果然被楚王残害。儿子成年后完成父亲遗愿，杀死楚王，为父报仇。

[2]　滑竿是中国西南各地山区常见的一种供人乘坐的传统交通工具，即用两根结实的长竹竿绑扎成担架，中间架以竹片编成的躺椅或用绳索结成的坐兜，前垂脚踏板。前后有轿夫两人举抬。

　　　　　　　　　　　　　　　　　　　　中国的风景与庭园

史迹本身自然意义重大，中国大陆目前尚无史迹保护协会或天然风景保护协会，也没有相应的成立计划，这一情况当然令人万分遗憾，其理不言自明。事实上，以当地实际状况来说，江南一带，如姚冲山、大冶等地，都是古来铁矿产地，历来有名；此外，如武康一带多溪流，绿水青山，泉水潺潺，从各种条件来看，干将莫邪的传说在此产生，私以为绝非荒唐无稽。

　　再往远了说，三峡一带，峡中名胜甚多，其中尤以米仓峡（又名兵书宝剑峡）著名。古来传说，该地是蜀汉与曹魏当年征战之地，蜀汉拥天险要害，囤积粮草，储藏兵书宝剑，因而得名兵书宝剑峡。笔者每次前往三峡考察，常在船头用望远镜观察峡内四面绝壁状况，注意有无可疑之物。仔细观察下，就会发现峡中绝壁岩石间有不少扁平的层叠石，状似兵书，散落于各处，真假且不论，既有前述古来传说，亦不能将其全部抹杀否定；正因为这传说之故，更给这奇特风景增添了许多神秘色彩。

　　不过也常有许多史迹因事实不甚明了，而令后人犯难，比如古来有名的赤壁便是其一。苏东坡四十七岁那年的秋天，与友人泛舟赤壁之下，那个赤壁果然是今天大冶的黄州赤壁吗？东坡寺究竟是在此地还是在别处？都是疑问。再往上游去，传说嘉鱼县的赤壁才是曹操与孙权交战大败之地，那果真是曹孙赤壁之战的古战场吗？也是疑问。这些问题若不进行相当仔细的考古调查研究，都很难断定结果如何。即便如此，以苏东坡的赤壁怀古诗文来看风景，以黄州城墙为背景，临江作诗，山高水远，足可以想见古时的风景是何等壮观。这便不由得让人想到，唐代文学中出现的遗址也与文人雅客有关，比如著名的崔颢《黄鹤楼》所写：

晴川历历汉阳树，芳草萋萋鹦鹉洲。

但如今看去，前者早已栋折榱崩，残垣断壁，成了乞丐的聚居之处；后者则已成为湖南木筏的造筏木材储存场。而这却正应了崔颢此诗末尾之句：“日暮乡关何处是，烟波江上使人愁。”

如上所述，仅以长江沿岸的名胜古迹作为对象来考虑，越是史上有名之地，则越有雅士登临怀古，触景生情，亦必会生感慨之念，发思古之幽情。于江南地方实地漫游，各地风景不免雷同，唯金陵访古时颇觉大异，到底是六朝古都。彼时登南京城上眺望四方，让人心中油然想起杜牧的诗句“南朝四百八十寺，多少楼台烟雨中”，一时间竟忘却身在今日南京，思绪驰骋于久远的南北朝，不禁生出无限感慨。远眺鸡鸣寺，遥望北极阁，不免想起唐诗“登楼万里春”的名句。江南风景的好，实在都在这怀古情趣之上了。总体而言，能够唤起思古幽情的史迹之多，实为中国景趣的最优之处，此乃公认。

黄鹤楼 常盘大定、关野贞摄 1918—1924年

第四章　文学化的中国风景

第一节　中国文人的风景观

中国风景观赏论的一个特点是过于夸张，往往并没有经过实地考察，其夸张语气却常常超越实际考察笔记的笔触。若问此处起了坏作用的是谁，答案应该说正是中国古来的文人画家们。在日本品读中国的文章，经常会引发这样的思考。当然文学上的推测和想象是允许的，无论怎样夸张似乎也无可厚非，然而中国古来文人画中的风景一贯夸张也是不争的事实。

诚然文人画中描写的山水风景大抵都是文人心中的乌托邦，实际上是否合理、有无存在并不是问题。然而有趣的是，当我们看着这些异想天开、痛快淋漓的构图，禁不住深入深山幽谷去进行实地考察时，有时竟会发现这些画面并不完全是闭门造车的捏造。比如巫山峡谷，庐山的五老峰，乃至浙江飞来峰的峰顶，抑或在浙江绍兴的东关精舍一带，如若亲自游历一番的话，可能感觉愈发深刻。

不过我们最感兴趣的是所谓古来文人之墨戏[1]，其与事实的乖离程度确实惊人。比如会稽山阴兰亭曲水流觞的背景，庐山西麓的虎溪桥附近的风景，实地考察过后，以自己的经验来看，可以判断与至今流传的画卷情景相比简直天差地别，几乎突破了相关风景的根本概念。传说虎溪三笑的背景地，看过实景后遂明白相关画卷有太多的省略；而作为兰亭曲水流觞背景的山阴风景，在相关画卷中更是千变万化，令人无所适从，甚至让人产生几乎是随意将太湖石堆砌排列而成的感觉，粗糙之极，毫无美感可言。画卷估计参照了王羲之的《兰亭序》的描写，煞费苦心地揣度群贤毕至、畅叙幽情的场景，重现永和九年兰亭曲水流觞的盛会，其实不过是后代画家的想象之作而已。总之此类文人画作大部分都可断定是以古典文学为范本的伪作。

更为不堪的实例还有以洞庭湖为中心的所谓《潇湘八景图》[2]。其描绘的八景如世人所知是以岳州的洞庭秋月、湘阴的远浦归帆起首，到长沙、衡州（今衡阳）、常德一带的清婉淡雅的景趣，但实际上大多是以前人的八景题诗的意境想象而来。这一事实也并非不合理，史上文人墨客留下无数文章笔墨；而后代画家也不论是否与实景相符，总之全靠体会其诗章气氛和意境而为。宋代米芾的《潇湘八景图诗》全文如下：

---

[1] 墨戏，指即兴而作的写意画。典出北宋《宣和画谱》。
[2] 关于"潇湘八景"的历代画作甚多，最早传为五代时期的画家李成所作，真迹已失，米芾《潇湘八景图诗》相传即参考李成原作。宋沈括《梦溪笔谈》重点提到北宋宋迪的《潇湘八景图》。其他尚有元代张远作《潇湘八景图》，现藏于上海博物馆。

潇湘夜雨

大王长啸起长风，又逐行云入梦中。

想象瑶台环佩湿，令人肠断楚江东。

洞庭秋月

李白曾移月下仙，烟波秋醉洞庭船。

我来更欲乘黄鹤，直上高楼一醉眠。

远浦归帆

汉江游女石榴裙，一道菱歌两岸闻。

贾客归帆休怅望，闺中红粉正思君。

平沙落雁

阵断衡阳暂此回，沙明水碧岸莓苔。

相呼正喜无矰缴，又被孤城画角催。

烟寺晚钟

绝顶曾僧未易逢，禅林常被白云封。

残钟已罢寥天远，杖锡时过盖紫峰。

渔村夕照

晒网柴门返照新，桃花落水认前津。

买鱼沽酒湘江去，远吊怀沙作赋人。

山市晴岚

乱峰空翠晴还湿，山市岚昏近觉遥。

正值微寒堪索醉，酒旗从此不须招。

江天暮雪

蓑笠无踪失钓船，彤云暗淡混江天。

湘妃独对君山老，镜里修眉已皓然。

此类诗词意境皆为后代画家所参考利用，完全不看实景，纸上驰骋画笔，水墨淡彩即成。画家自身可能连洞庭湖的入口都没去过，锁在画室，闭门造车，全凭大脑想象，画作已就。如此敷衍画出的《潇湘八景图》当然不过是一种文学艺术的想象，却仍然挡不住世间许多人的推崇和赞赏。

第二节　中国风景夸大宣传的始作俑者也是文人

古来中国不只限于风景，各个地方的土产风物也都依仗文人的笔端宣传，而且执笔的文人常常并非定居一地，经常会因为各种原因在各地间迁徙，也因此各个地方的乡土色彩都由文人笔端的记述流传于后世。从此点来说，晋代五柳先生陶渊明曾任彭泽县令，而事实上陶氏子孙所在的庐山南麓的栗里、柴桑桥，距彭泽县相近。估计陶渊明在两地的心情一定有所不同，但如此相近的两地只因诗人心情不同而风景各异的话，倒也是很有趣的事。再如韩愈是位性格刚烈之人，曾被贬至潮州。总之这些士大夫无论是任地调转或受贬迁徙，尤其后者，左迁异地期间的孤独苦闷，不免使其每每对月感伤叹息，留下诗句，其中既有当地民情，又有山水风月，更有个人感怀的流露，此类或主观或客观的描述无疑都给后人留下了遐思的余地。

古人旅次之中，无论在当地观月赏景，见闻山水风物，都不免会根据当时的心情留下点滴笔墨诗句，虽然都是极为偶然之事，但一旦付诸笔端，便传于后世，形成影响，也是极为有趣之事。古人旅行中吟咏风景之句甚多，以下李白的《峨眉山月歌》和《早发白帝城》便是最脍炙人口、尽人皆知的诗句。

峨眉山月歌

峨眉山月半轮秋，影入平羌江水流。
夜发清溪向三峡，思君不见下渝州。

早发白帝城

朝辞白帝彩云间，千里江陵一日还。
两岸猿声啼不住，轻舟已过万重山。

第五章　中国风景行脚

第一节　异国行脚中的注意事项

现在正考虑到风光明媚的中国内地去旅行者，首先需要注意的是路上常常会有不可预期的危险存在，这是无法避免的事情。最近山东一带偏远乡下常有土匪绑票扣押人质，以及一些思想激进分子在偏僻山区聚众闹事的报道，所以无法保障旅行中一路安全。笔者在广东乡间旅行时便屡屡受到当地居民的忠告。不过总体而言，除在深山幽谷的名胜区域时常会遇到群聚的乞丐骚扰之外，自己还从未遭遇过被山贼土匪或激进分子绑架的危险经历。

比如像庐山这样世界有名的避暑胜地，虽然往来的旅行者很多，可还是听人提起，说有人因为事急独自大半夜起身雇了轿夫要去莲花洞，正走在弯弯曲曲的下山道的石板路上，途中两个轿夫突然变脸，客人被敲了竹杠，衣服还被脱个精光，恶人据说事后乘着夜色逃往东林寺方向去了。有观光游历计划的风雅之士，无论身在何处都需注意才是。不但要格外小心被轿夫敲诈，更要注意自己的

用轿子抬人下山　甘博摄　1924—1927年

言行，甚至要掌握如何驾驭他们的诀窍。登山探险时，有人会身带防身具，这其实反倒更为危险。与其如此，倒不如从心理上对轿夫实施怀柔之策，以人情笼络最为实用。在这点上，日本人往往过于认真，其实中国人的性格往往外向者居多，不太在意阶级地位差异，一旦熟悉了便会发现颇有些朴实幽默之人，经常会开玩笑；偶尔还会遇到一些不拘小节、性格豪放之人，经常抛出一些异想天开的话题，令人吃惊。在异国旅行游历，能遇到一个性格幽默的同伴，那该是何等令人愉快之事。

自己个人的体会，带着轿夫上路，首先是要了解他们的心思，与他们打成一片，他们休息的时间再长也要耐心等待，要知道他们每天想吃几顿饭，常常下轿走路让他们有所放松，总之打定主意，万事听他们安排就是。原本都是交通不便之地，连像样的道路河流地图方面的参考书也没有，不仅如此，偶尔向当地的老人问起附近的地理情况，期待多少给些指点时，基本也都很难得到准确的回答。并非他不愿告诉你，而是他也并不知道详细情况，事实上很少能遇到具备地理常识的人。可以作导游参考的印刷品资料，大概如西湖、苏州园林、莫干山、庐山和泰山之类的有名景点多少还有一些，除此之外的一般景点基本没有正式出版的旅行参考资料。上海、杭州或北京等西方人比较熟知的大城市周边还能看到一些旅行地图之类，稍往内地去，可供参考用的旅行指南书籍或地图等几乎没有。无奈之下，只好利用古来流传的一些不完的指南，以中国传统式样画下的怪模怪样的山形、塔形为依据，但就算这些资料也很难找到。各省最近也有一些按照现代观念编制的地图，但对旅行者来说，完全起不到参考作用。

一旦深入中国内地，有时候还会出些意外情况。比如进了乡村，打开地图指点山水所在，不小心就会被当地的一些衙役、乡兵或是游手好闲的青年围观起来，引发疑虑，说不定就会酿成不必要的事端。这种情况本身倒也未必就有多么危险，但偶尔也会因为以讹传讹，引起误解和谣传，造成意想不到的后果，甚至让整个旅游行程泡汤。笔者有寻访奇石的爱好，某次深入内地歙县山区时就曾受到当地乡勇意想不到的质问，足以说明这一情况。因此，凡事都需谨慎，即便看到骑水牛的牧童想拍个照片也有诀窍，基本上只要掏几个铜板就可解决问题。虽说为了寻找风景这都不是什么大不了的事情，但有时也不是事事都可如愿。

第二节　风景行脚的指南参考书

做中国观光游历的规划时，要知道，途中很难避免时间上的缺乏效率，这一点必须从一开始就要心中有数。不可能像去其他国家那样，只要定好日程，基本都可按照日程进行。若以此种想法去中国内地游历的话，可要犯大错误。比较极端的做法是，只能大致预定一个旅行路线，而后根据情况的变化不断调整，临机应变，否则就会发现旅途中万事麻烦。

不过关于中国旅行的名胜古迹，先人留下了许多纪行资料，并有出版发行，可以作为参考的读物也有不少。笔者手边收藏的类似资料便有如下：

资料名	作者名
《庐山游记》	黄炎培
《匡庐暑日记》	杨恭甫
《扬州纪游》	桥西
《黄山记游》	梅溪遁叟
《游黄岳记》	（佚名）
《鹭江名胜纪略（福建）》	周萍
《游武夷山记》	陈日肃
《武林十日游记》	高燮
《游杭记》	李廷翰
《西泠游记》	陈仪兰女士
《旅行杭县西湖记》	方绍蠹
《记浙江大潮》	柳堂
《记莫干山》	静眼
《南游志》	马元烈
《粤湘道中琐记》	子毅
《黔滇旅行记》	石仙
《滇渝日记》	斯整
《沪渝日记》	斯整
《燕豫旅行记》	匡厚生
《游铜雀台记》	张肇崧
《游龙门记》	退思
《嵩岳游记》	张肇崧
《恒山游记》	于去疾
《大同游记》	王辉成

《五台山纪游》	蒋维乔
《山西旅行记》	夏荆峰
《金陵一周记》	张梅庵
《苏州记游》	张树立
《燕京览胜录》	章鉴
《游颐和园记》	何省疢
《昌平三日游记》	王宪民
《居庸关记游》	蒋维乔
《游卧佛寺香山碧云寺记》	刘正华
《曲阳游记》	章选
《赤城游记》	王砥之
《济南游略》	李佚缘
《曲阜游记》	沈子善
《济泰旅览记》	我一
《旅顺考查》	魏声龢

（以下从略）

有关中国风景名胜名园的名著甚多，以上所介绍者不过九牛之一毛，虽感遗憾，但仅此所列内容也可见各地风景于一斑，尤其以上书籍皆为最新游记汇编及其续编，网罗了各地名胜古迹大观，内容详尽，对于风景研究以及名园调查都具有较高的参考价值。此外这些文献资料都按地区省别分类，例如想去江苏、浙江的风景名园可参考其相关部分，想去北京、山东的自也同样，文献编辑得极为合理，便于参考翻阅。唯一令人遗憾的就是至今没有提供详尽的地图。

第六章　中国北方的山水

第一节　缺雨少水的中国北方风景

中国北方山水给人的总体印象可说是满目苍凉，回想起来的颜色就是那种严重缺雨少水的淡褐色，无论山东、河北、河南，还是陕西、山西，大体上都一样。若出山海关到东北一带的话，倒也不是完全没有绿色，偶尔甚至能看到犹如仙境一般遮天盖地的绿色植被，但毕竟纬度更高，比起山东、河北，北方的气息应该说更为浓烈，也是其他北方地区不可比拟的。

东北的原野无边无际，无论走多远，满眼都是种满高粱或者大豆的庄稼地；山东、河北一带的田野也基本一样。若想突破那地平线，一路向更远处走去，眼前展现的则是更为遥远的没有边际的地平线，眼界所至的前方，只有天与地的清晰的分界线。因为气候干燥，几乎一年四季地平线都清晰可辨，这在日本是绝对看不到的景象，却恰恰是中国北方所独有的典型的大陆风光。比如说笔者游历山西，从大同到云冈石窟沿途的风景，一路都是一眼看不到头的寂

山西天龙山寿圣寺远景　常盘大定、关野贞摄　1918—1924年

中国的风景与庭园

寥的高粱地，十分遥远的地平线上似有矮矮的丘陵伸展而去。可在高粱地里牵着毛驴的缰绳一步一步缓缓前行时，不知不觉之间，本来看着并不高的丘陵却又逐渐升高起来，而且丘陵上各处零零落落地散布着一个个黑点。此为文人的山水画中常见，一般被称为米点。待走近前时，才发现这些黑点都是一些老树的黑影，而从很远的地方看过去，实景中的这些老树不过就是这些黑点而已。常常看到中国画家在画山水画时，貌似十分随便地用毛笔在画纸上扑扑点点，感觉分外大胆，待看了这实景后才总算明白其所以然。北方地区，不仅东北、内蒙古，整个地区展示的全景图基本也是如此。看惯此景的人可能无所谓，但从笔者眼中看去，虽然气氛肃杀，还是有种让人难以忘怀的特别感觉。

一旦跨过鸭绿江从朝鲜进入中国后，身着白衣的朝鲜人便立刻看不到了。这是一个非常明显的变化。大家都能感觉到，扑面而来的风景一下子就转换为中国东北地区的大陆气息，尤其从摩天岭到本溪湖、奉天（今辽宁）一线，这种气息越来越浓。与东北地区相比，华北地区的内陆气息可能更加强烈突出，有过之而无不及。沈阳的东陵、北陵一带还有绿荫，千山也有幽谷仙境，哈尔滨松花江一带还有些许清秀气息，但皆属例外；从整体来说，东北地区气候干燥，缺乏水分，就连走在路上的行人也会因干渴难忍而感觉难过。而走遍整个中国北方，这种特点最为明显的是山西太原附近的状况。从那一带居民大部以窑洞穴居，且以其极少绿色植被的裸露山容来看，当地如何干燥缺水，可见一斑。从北方河流来说，黄河、汾河、白河、辽河、浑河、松花江、鸭绿江、即墨河等，大大小小的河流笔者基本已走遍，偶尔也可看到河畔有人放筏，树荫下有人垂钓，极富风情。但北方的河流水质更为混浊，水量也远没有南方那么丰富，即使放筏也看不到洞庭湖里数百人操作的大筏，连垂钓的风情也完全无法与江南相比。江南人以打鱼为生，撒网捕鱼，需要众人协力操作，拉网时鱼群跳跃、鳞光闪烁的那种风韵，北方是很难看到的。

　　笔者也曾登临天下闻名的泰山看奇石，仰观巍峨陡峭之山势；也曾登崂山，游九水，品味溪谷之雄浑；还曾去北京北郊，经南口前往居庸关、青龙桥、八达岭、怀来、张家口一带，看塞外朔北的肃杀风光，都别有风味。但若与水资源丰富的江南相比，后者青山绿水，峰峦连绵，南北到底还是天壤之别。以泰山为例，若说名气自不待言，以花岗岩为主的山势雄伟壮观，直耸入云，山上松柏林立，青苔点点，山腰的伏虎门（中天门）下有珍珠瀑，之所以称为"珍"，足可见水在中国北方之珍贵。毕竟是北方特色的风景，若以风景的两大要素——山与水来说，还是缺少令人惬意的水汽氤氲和幽静闲雅的韵致；瀑布看上去亦十分明亮，不具幽深之感，与中国南方的庐山三叠泉等李白诗咏的瀑布相比，情趣完全不同。至于千山汤岗子的温泉、大连星浦、山海关地区的北戴河等，作为避暑胜地甚受欢迎，但与其设施较为齐全以及有关方面的大力宣传似也不无关系。

渔船和渔网（宜昌至南京）　甘博摄　1917—1919年

泰山泰顶全景 常盘大定、关野贞摄 1918—1924年

第二节　北京的风景

　　只要提到北京及其近郊的风景，可以说无论中外，但凡观光客都不惜给予最高的赞赏和评价。如前一节所述，中国北方一带由于干旱少雨，气候干燥，植被不足，各地呈现给人的风光多少有些寂寥之感，但唯独北京是个例外。

　　说到北京的风景，必然会提到西陵、天坛、先农坛，乃至紫禁城内的北海一带的风光，都别有一番风味。最为秀逸的地方要数颐和园、玉泉山到卧佛寺、碧云寺、八大寺一带的名胜。一般来说，山水秀丽之处，首先必须有水，空气湿润；虽然这不是谁做的硬性规定，但若说风光明媚的景胜之地，的确以水为第一要件。但这种条件又只有雨水丰富、气候湿润的国家才可具备。以中国北方来说，本来就气候干燥，缺乏水分，从当地人已然习惯这风土的眼光来看，或许有没有水并没有被他们所在意，甚至缺水竟是受欢迎的事也未可知。况且中国北方的风景也并非以绝对有水为前提。即使无水，中国北方仍可另具一种风光特色。换言之，其缺水和有适量绿荫的风貌，反而成为中国北方风光的一种特色，而这才是其真面目。从此种见地来说，北京及其近郊的景趣，恰恰是作为突破了中国北方风光特点的一个典型而受到人们称许的。

　　北京风光当以万寿山而知名的颐和园为第一名胜。此园以佛香阁、排云殿等殿宇楼阁所在的丘陵小山与包含中岛、十七孔桥、单孔桥、石坊和知春亭等景胜在内的昆明湖为骨骼，构成了中国最大

上／远眺颐和园　下／颐和园十七孔桥　甘博摄　1924—1927年

中国的风景与庭园

上 / 颐和园佛香阁　下 / 颐和园石坊　甘博摄　1917—1919年

颐和园玉带桥和小船　甘博摄　1924—1927年

中国的风景与庭园

的皇家庭园，规模气宇皆宏大不凡，同时又以浙江杭州西湖为范本，采纳了江南风景之最，足以称为天下第一名园。昆明湖畔的知春亭、铜牛、仁寿西太后的居室，乃至长廊等名胜数不胜数，若问需几日可悉数游过，恕我不知。总之，但凡来中国北方观光的雅客，若不至颐和园一游，几可等同于没有来过北京。

笔者常想，若于北京郊外玉泉山一角遥望北京城，以琉璃塔为背景，面对万寿山、北京城、钟楼和鼓楼，那将展开怎样一幅壮观的画卷，头脑里涌现的定是天下第一绝美之景无疑。再或者，想象从西山、八大寺、大悲寺一带骑马向香山、碧云寺一带进发，以自己为画中人，一边倾听清脆悦耳的驿铃[1]之声，一边遥望大都城，且与中国观光客们走在一起、一同往返的那种情趣，又将会是怎样的一首令人向往、动人心扉的抒情诗呢！

来到北京，能够瞭望北京全景的地方，应是崇文门、观象台，最好登上城墙的最高处。即使不能登上城墙，也最好能登上北城的钟楼或鼓楼，四处遥望。那一刻，高楼万里，心绪翻飞，一望无际的北方大平原，尽收眼底。不仅如此，还可借机远望指点环绕北京城墙的各个门楼，如朝阳门、德胜门、西直门、阜成门、宣武门、正阳门等城门楼上凹凸有致的女墙[2]。再看天坛那优雅壮丽的轮廓，高耸碧空的雄姿，更加令人炫目。紫禁城内压倒群雄的太极殿、保和殿、午门等宫殿的黄色屋脊闪闪发光，高耸的景山与美丽的白塔相映成趣，胡同街巷之间有杨柳、槐树若隐若现，摇曳多

---

[1] 驿铃，隋唐时期盛行驿传制度，执行公务的驿使使用驿马时必须出示驿铃。对驿站所在地的官吏进行管理或勘察，使者乘驿马时也要摇响驿铃。此制度及驿铃在唐代时被引入日本，对日本后世影响深远。
[2] 女墙，按宋《营造法式》，"言其卑小，比之于城，若女子之于丈夫"。实际就是城墙边上部升起的凸凹部分。

皇城正阳门　常盘大定、关野贞摄　1918—1924年

皇城保和殿　常盘大定、关野贞摄　1918—1924年

煤山（景山）　甘博摄　1924—1927年

　　　　　　　　　　　　　　　　中国的风景与庭园

姿，那真是好一派令人感慨无限、难以形容的古城大观。北京的景观实在无愧于古老中国的故都历史，拥有足以傲视世界而毫无愧色的壮丽景色。

总之，说起中国北方的风光，如前所述，绿树成荫的情况极少是常态，但唯独北京城内不太一样，到处可见槐树、椿树（与日本的椿树不太一样，属于一种颇似栴檀的乔木）、杨柳等，枝繁叶茂，而且老树之多也很惊人，似乎在为一个古老国家的古都的真实性做着见证。登上北京城墙还会发现这城墙上生长着不少野生的枣树，从这里瞭望城内，可见到处都绿树成荫，甚至让人怀疑北京是否正在策划成为一大森林都市。到了冬天，万木萧条，枝丫交错，固然找不到感觉；一到盛夏，几乎任谁都会产生与我同样的想法。另外，若想寻找可以鸟瞰紫禁城的所在，与其爬到城墙上去，倒不如到长安街上的北京饭店楼顶一试。

谈北京的风光不可不谈天坛内的祈年殿与圜丘、槐树林和先农坛，然而最美的景色无疑还是应该推举紫禁城内的皇家庭园，即可称世界第一的北海。倘若在白塔下的漪澜堂凭栏远望，隔着画舫，看莲池对岸摇曳生姿的杨柳之间错落有致的五龙亭之雅趣、眺望高耸云天、挑动诗情的景山，恍惚之间，作为一个漫游世界的天涯游士，又有哪位不为中国庭园的魅力魂牵梦萦呢！这里与颐和园的离宫相比，又别有情趣，作为华丽宏大的皇家园林的代表，实在让人不惜给予最高的评价。

笔者每到北京必游北海，此前三上参次先生[1]来京，我曾为老先生做过一次向导，在北海做半日游。眼见先生在此流连忘返，也

---

[1]　三上参次（1865—1939），日本史学者，东京帝大教授、帝国学士院院士、日本史学会创设人之一，曾任该学会理事长。

曾在这漪澜堂凭栏远眺，几度赏味莲池对岸杨柳摇曳的景趣之后，曾留下以下话语：

> 自己曾受委托，就东京上野公园不忍池的营造工程作风景规划，如今看这紫禁城内北海极富幽邃娴雅之趣的景色，颇受启示，右手一带绿荫莲池周边的娴雅佳趣实为神技，令人惊叹。

先生当时为之赞叹不已的情景，让我至今难以忘怀。这不只是三上先生一人的感想，只要是有缘在此散步的人，我想没有不被这北海的魅力所俘虏的。

北京紫禁城内的景趣可以说以皇家庭园为主，后面还会对南海、中海的景致做适当介绍。

祈年殿 甘博摄 1917—1919年

天坛圜丘坛　甘博摄　1917—1919年

　　　　　　　　　　　　　　　　　　中国的风景与庭园

北海湖面　甘博摄　1924—1927 年

第七章　华东及华中地区的山水

第一节　江南风景

但凡从日本登船出发前往中国的游客，临近中国大陆时，最初都难免会被一种异样的风情所打动。说起来主要有以下两点：

一、距离中国大陆130千米到160千米处，太平洋水会逐渐变得混浊，渐渐变黄。

二、而接近大陆时，远望前方竟望不到一座山，天地之间只有一个"一"字横在眼前，那就是地平线，其他什么都看不见。不久之后用望远镜遥望远方，微茫之中可以散见一些点，那是江苏大地上生长的野生杨树的影子；再望右侧，还有别的点点散着，大家议论纷纷，认为应该是崇明岛。

华东及华中地区给人的第一印象几乎无一例外，都首先是这样开始的。从上海吴淞出发，经江阴、镇江、南京，乘船溯江而上，其间的景色极为舒缓平和，眼前唯有长江浊流滚滚东去，一刻不肯停歇，让人不期然间升起一种伟大的敬畏之感。江面的宽阔浩渺，令人惊叹，最宽处据说可达24千米到32千米。两岸有南通的狼山、南京的狮子山、镇江三山（北固山、金山、焦山）等名山起伏连绵，次第变化。然而两岸更多的是一望无际的大平原，千里沃野，江边常常可见水牛群在嬉戏，牧童坐在水牛背上悠然而过，那光景犹似对现代文明的一种嘲笑，一幅清风明月故人来的优美图画在眼前展现，真是牧歌般的江南乡村景象。可此时却又正值南北军阀混战期间，船行至江阴一带便听到非常清晰的枪炮声响，到了夜间船只更被禁止通行，而如此状况之下，江边风景一切照旧，大自然超越了世间的无常和灾难，毫不吝啬地向游客们展现着魅力。

从镇江到南京、芜湖、大通（在铜陵）、安庆，一直到皖西，江岸一带皆为芦荻，远望竟是一片一眼望不到头的浩大的苇原。船只航行在芦苇荡中，于白帆芦荻之间，悠然而过，如梦如幻；间或有轮船频繁过往，彼时汽笛声起，遥相呼应。突破长江下游既平凡又浩大的景色，给雅客留下一丝安慰的首先应该是焦山孤岛和奇峰（北固山）上的甘露寺、金山上金山寺的七层宝塔等江岸一带的风光。扬州的瓜洲古渡，隋炀帝的大运河，知道的人懂得其中奥妙自有兴趣，初来的游客若不了解历史，恐怕就难以理解。即看南京、芜湖、安庆等地的趸船[1]，江岸的风光，来来往往的中式木造帆船，苦力的辛苦状，等等，虽然表面上显现的都是近代图景，但长江下游一带的风物民俗都似在如实且拼命地讲述着自己的历史。

溯长江支流黄浦江而上，从吴淞到上海浦东，以外白渡桥为中心的黄浦公园一带，开始显得欧风浓郁。从日本领事馆（现黄浦饭店）到邮船码头（现虹口码头），从苏俄领事馆到外滩一带的汇丰

---

[1] 趸（dǔn）船，无动力装置的矩形平底船，通常固定在岸边，最初仅作为浮码头使用，用于装卸货物或供行人上下，后随时代的发展，也为商业、娱乐及水上学校等使用。

金山寺（江天寺）藏经楼及七层塔　常盘大定、关野贞摄
1918—1924年

　　　　　　　　　　　　　　　中国的风景与庭园

黄浦江　甘博摄　1917—1919年

舢板和外白渡桥　甘博摄　1917—1919年

　　　　　　　　　　　　　　　　　　　　　　中国的风景与庭园

银行（现浦东发展银行）、正金银行（现工商银行上海分行）、华懋饭店（别名沙逊大厦，现和平饭店）、招商局（现招商局集团上海总部）、日清汽船（现华夏银行）等，一座座高楼大厦沿江耸立，鳞次栉比，座座壮观豪华，与黄浦江争奇斗艳，让初到之人不胜惊奇。而后再看本地人居住区一带江岸帆樯林立的盛况，江上各国舰船繁忙出入停泊，当地水手正忙着操弄船桨，不知要将小船划向哪里，一片繁忙景象。作为上海的风景，这无疑也是初到此地后人们的第一印象。但这上海的风景白日里真看不出什么名堂，倒不如换个时间，当夕阳将其抹上一缕金黄，黄浦江有如一条金色玉带横在眼前，又是一番不同凡响的令人感动的光景；再比如月夜里看江上频繁来往的船只，看船尾荡开的波光闪烁，如金似银，那又是怎样一幅油画般的动人夜景，这或许才是上海风光的真正艺术魅力所在吧！

第二节　苏州和南京

自古以来最为著名的江南风景胜地如太湖、无锡、常熟、昆山、湖州等不胜枚举，但普通游客大概首先会从上海开始推荐，而后则是苏州、南京和杭州。苏州历史悠久，广为人知，吴越相争时代吴国的都城，其古迹之多自是理所当然，即便不去叙述它的庭园之美，仅从缅怀历史的角度便不知有多少脍炙人口的典故可以引发人们的遐想，举例如下：

（1）"姑苏城外寒山寺"与《枫桥夜泊》；

（2）秦淮画舫及其夜景；

（3）沧浪亭的哀趣；

（4）虎丘（吴王阖闾墓址）；

（5）天平山；

（6）灵岩山；

（7）宝带桥；

（8）留园和西园。

此外如玄妙观、孔子庙、北寺塔、拙政园等，可说举不胜举。只是遗憾的是，寒山寺里以文徵明书法为底本的唐代张继的《枫桥夜泊》诗旧碑几乎毁坏殆尽，如今能明了辨认的石碑，只有尚存的清代俞曲园[1]的石碑。

枫桥夜泊

月落乌啼霜满天，江枫渔火对愁眠。

姑苏城外寒山寺，夜半钟声到客船。

但凡到中国的日本观光客大都会去看寒山寺，但看过现状之后，基本上没有不对其表示失望的，口碑确实不佳。总之大致的说法都是庙宇一般，所谓枫桥也无甚趣味，作为名胜实在名不副实。但估计这些人都是从其诗意加以联想，带着某种期待去追求那诗中之寺之桥之韵味的。如若真心玩味诗中情趣，恐怕不是白昼，而是应该在夜半时刻来此，一边听着钟声，一边品味诗人的

---

[1] 俞樾（1821—1907），字荫甫，自号曲园居士，浙江人。清末著名学者、文学家、经学家、古文字学家、书法家。现代诗人俞平伯的曾祖父，章太炎、吴昌硕、日本井上陈政皆出其门下。清道光三十年（1850）进士，曾任翰林院编修。

寒山寺　*常盘大定、关野贞摄*　1918—1924年

寒山寺远景　常盘大定、关野贞摄　1918—1924年

　　　　　　　　　　　　　　　　中国的风景与庭园

那种情怀，如此，才可能领悟诗中的韵味吧！无论是月落乌啼桥的光景，还是江枫渔火之中相看愁眠山的情趣[1]，自然都是夜半的景色才有那风韵；反之，在白昼追求其夜间情境，这本身便有不合理之处，而且对寒山寺景色的恶评都不确切，基本上都是传闻而已。诸如此类的误解还有很多，"总之但凡长江以南的风景佳处都与预想相差甚远，实地看过，多半都令人失望"云云。事实上不予深究的话，寒山寺作为寺庙确实马马虎虎，枫桥也绝非江南第一，寺庙也好，桥也好，都普普通通，甚至可以说是普通以下。但同时远远好于寒山寺的景色又实在有很多，并不可一概而论。

比如虎丘、天平山、宝带桥等地，无论是史迹，还是明媚之风光，都相当值得推荐。再比如留园、西园，作为著名的庭园自不必说。而且江南名胜大多有塔有桥，精巧秀丽的塔、桥可说是江南景色的一大风景要素；如虎丘，如北寺塔，如瑞光寺，概莫能外，都有高塔点缀，为风景添了许多趣味。不过作为笔者的一家之言，看过苏州城内城外，还是以水乡特色最为美妙，无论枫桥，还是宝带桥一带，河川如网，遍布城内城外，运河的发达程度出乎意料，始感所谓苏州之东方威尼斯诚不为过。苏州城外运河上运输更为繁忙，帆船来来往往，郊外的运河为将龙骨船[2]由

---

[1] 寒山寺附近有乌啼桥和愁眠山，但其名究竟是张继写诗之前就有，还是因张继诗而得名，说法不一，已不可考。

[2] 龙骨船，中国古代船舶技术的一种重大改良，以完整长木贯穿于船首船尾，以加强船身坚固性，对世界船舶结构的发展有深远影响。源于宋代尖底海船，该船甲板平整，船舷下削成刃，船的横断面为"V"形，尖底船下设置贯通首尾的龙骨，用来支撑船身，使船只更坚固，同时吃水深，抗御风浪的能力十分强。日本受中国船舶技术影响，对船体底部一直引用汉语"龙骨"称呼。

上 / 虎丘云岩寺　　下 / 天平山白云寺　　常盘大定、关野贞摄
1918—1924 年

中国的风景与庭园

上／沧浪亭　下／灵岩山崇报寺　常盘大定、关野贞摄
1918—1924年

低水位引至高水位的操作[1]情景更为可观，牵引龙骨船的水牛有如纤夫，在水中不紧不慢、悠扬拉纤而去的野趣如诗如画，实在是一派令人感叹的田园风光。

寒山寺也罢，虎丘也罢，乃至天平山、宝带桥等所有苏州名胜，水乡全境，全靠运河船运，畅行无阻。苏州真不愧为水上古都，正所谓"南船北马"，水上有船便无所不能。如此便利之下，春天来到，菜籽花开，便可以划船去看花；在静静的橹声里，沿江缓缓而去，杨柳新绿之间，一边听着云雀的歌声，一边欣赏两岸景色，都是随心称意之事。一片绿野之中，春意荡漾，江南水乡有如田园牧歌式的景色又怎能不打动人呢！那时节且不去说探幽访古，仅这江南风光已经足以令人沉醉。若是刚刚从干燥缺水的北方来的游客一下子被抛入这江南水乡，沁润其中，绝对会有大梦初醒回归自我的感觉，水乡的润泽之功，不可谓不高。

南京旧称金陵，江宁故地，江南情趣不下苏州。唐代杜牧有诗为证："千里莺啼绿映红，水村山郭酒旗风。南朝四百八十寺，多少楼台烟雨中。"这几乎是南京风光的真实写照。描写南京的有名诗句还有不少，如下：

泊秦淮

烟笼寒水月笼沙，夜泊秦淮近酒家。
商女不知亡国恨，隔江犹唱后庭花。

---

[1] 古代京杭大运河存在水位落差问题，一般主要是用船闸来解决的，此外也会通过水牛作动力牵引来解决船只行进中的落差问题。

南京为古都，名胜古迹甚多，价值亦高。大致如下：

（1）明孝陵、明故宫东南门；

（2）鸡鸣寺与台城；

（3）狮子山与城郭；

（4）秦淮画舫（尽量避免白天前往）；

（5）莫愁湖；

（6）雨花台；

（7）清凉山（古扫叶楼与清凉寺）；

（8）栖霞禅寺。

其他名胜古迹还有秦淮河畔的孔子庙、贡院遗址公园、秦淮古迹桃叶渡、北极阁、凤凰台、朝天宫等。如欲登高望远，可选清凉山、鸡鸣寺；如欲领略史迹之雄伟，可看明孝陵。孝陵基本上与北京十三陵相似，参道沿途有石人石马的行列，景色蔚为壮观。但说到南京的风光，一定要等日落西山，体验一番夏夜中桨声灯影里缠绵悱恻的秦淮河，那才是最深的趣味。对这秦淮画舫若无亲身体验，并有相当的理解，即便到过南京，怕也没有资格讲述南京的景观。

人们往往以为现在南京是南北干戈的中心之地，不知有多么骚乱，但于天下文士来说，金陵千年古都的历史情趣，永远散发其枯淡悠久之光，不为世事所动。

上 / 雨花台　下 / 鸡鸣寺（同泰寺）全景　常盘大定、关野贞摄
1918—1924 年

中国的风景与庭园

上／清凉寺全景　下／明故宫午门　常盘大定、关野贞摄
1918—1924年

上 / 南京贡院　下 / 南京明孝陵的石马　甘博摄　1917—1919年

中国的风景与庭园

第三节　杭州西湖

从上海到杭州的话，与去南京、镇江是完全相反的西南方向，水路运河交通网虽也发达，但一般来说还是乘火车比较便利。出江苏省境到浙江，水乡特色与江苏一样，从日本来上海观光的游客，必到苏杭，这两地基本上可算作上海旅游的延长线。杭州风光明媚，可看之处很多，需要特别说明一下。杭州本是南宋古都临安，当时即已围绕西湖形成一大景区而闻名于世。对于杭州来说，西湖一直具有不可或缺的重要地位，今天的杭州名胜数不胜数，但大都以西湖作为主要背景。

（1）西湖；

（2）葛岭；

（3）岳王庙，岳飞与妻子的石像；

（4）青莲寺观鱼；

（5）飞来峰；

（6）灵隐寺；

（7）三天竺（上天竺、中天竺、下天竺）；

（8）孤山（断桥、白堤）；

（9）三潭印月与湖心亭；

（10）吴山第一峰；

（11）钱塘江（从六和塔眺望为最佳点）；

（12）钱塘江大潮（从海宁大观亭眺望为最佳点）。

这些风景名胜笔者都曾亲身体验，下面概述一下其特点。

西湖的景趣可以说不分春夏秋冬，任何季节都有其妙处，尤其刚从干燥乏味的北方旅游过后的雅客，沿津浦线南下至上海再到杭州的话，更能体会沉浸于那景趣的柔润之感。日本观光客习惯了日本风土的湿润，直接由日本到杭州来接触西湖的水光山色诚然不会太吃惊，若换个出发点的话，因其反差之大，便会觉得大为不同。一般来讲，大多观光客都被西湖名望所压倒，实际亲身看过之后反而会觉得马马虎虎，并不感觉有何特别之处。这基本上与日本人对寒山寺和西湖都持有过高的期许有关，看过往往不免失望，这是可以理解的。但若换个角度来看，或许就不一样，西湖原本具有文学性和史学性的价值韵趣，而且从其庭园特色来讲，几乎可说是古来天下名园的范本，东方造园形式的一个标准，从此角度来说其地位之高是无以言说的。北京的颐和园、日本的后乐园[1]、水户千波湖[2]，仔细看过你会发现，它们的源流其实都是西湖；而西湖的文学性、史学性的意趣渊源之深，即看西湖之富于中国画的气氛便可明白，其大都出自苏东坡、白居易、林和靖等名家，无论吟唱西湖春晓之霭霭，夜赏平湖之秋月，若知其韵趣皆出于此，便可知其美学价值之高了。

古来喜游西湖之人，皆爱雷峰塔的雄姿，喜欢吟味三潭印月的情趣，但雷峰塔竟于民国十三年（1924）9月25日在直系军阀孙传芳由闽入杭之日倒塌了。于是一向被称为杭州名胜十景之一者便就

---

[1] 后乐园位于日本冈山县冈山市，是日本三大名园之一，由江户时期冈山藩主池田纲政主持建造，现被政府指定为日本特别名胜。

[2] 千波湖位于日本茨城县水户市城南，现有面积33万平方米。与日本三大名园之一的偕乐园比邻，作为城市公园，总面积仅次于美国纽约的中央公园，排世界第二位，与周边景区结合，统称为千波公园。

中国的风景与庭园

此缺了一景，所幸古来文人墨客对西湖景胜多有描述，以今日残留的多处佳景亦可推断雷峰塔旧日之雄姿。

西湖十景：

（1）苏堤春晓

宋朝元祐年间，由苏东坡主持建造，于烟柳之间，堤架六桥相连，景趣之美为后人所传颂。

（2）双峰插云

北高峰与南高峰双峰对峙并立，其间白云往来不绝，蔚为奇观。

（3）柳浪闻莺

清波门外新绿柳丝如浪翻卷，其间黄莺飞舞，竞相啼鸣，想起临安古都旧日情形，不免发思古之幽情。

（4）花港观鱼

苏堤望山桥下，今日尚存石碑，只是字迹模糊，碑身斑斓荒废，催人产生爱怜之情。

（5）曲院风荷

宋代此处设有曲酒坊院，因此得名，在苏堤的北端，临岳湖（西湖的一部分），如今仍荷花盛开，名实相副。

（6）平湖秋月

孤山之麓，三面环水，览全湖之胜，尤适于中秋观月。

（7）南屏晚钟

面对苏堤，净慈寺前，日暮薄霭之中，可在湖上听寺中传来的钟声，勾起心中乡愁。

（8）三潭印月

位于苏堤的中央外湖南部的平岛，岛中有先贤祠等名胜建筑，另苏东坡在杭州任太守修湖后在湖中筑三石塔，浮影荡漾映月，是为三潭印月。

（9）雷峰夕照

位于净慈寺北的夕照山上，有如巨人，与山光水色相映成趣，夕阳之下其影尤为壮观，可惜此塔如今已然倒塌不存。

（10）断桥残雪

白堤第一桥，早春的残雪情趣尤为迷人，往往令行人流连忘返，徘徊不前，可如今修了汽车路，古趣湮没，实为可惜。

此外湖右有保俶塔、初阳台、葛岭可以仰观；左侧有飞来峰、天竺山诸峰，有烟霞洞、虎跑寺、六和塔和钱塘江畔可以巡游。除西湖十景之外还有许多名胜可供观赏。

对于一般探访西湖、钱塘山水的旅游者而言，顺便渡江再赏会稽、绍兴附近风光实为最佳选项。但实际上大部分游客只看过西湖便原路返回上海了。不要说绍兴，连较近的钱塘也甚少有人前往。其实浙东一带，运河密布，从萧山到绍兴城内外，看兰亭前的娄宫船码头到禹王殿一带的水乡风景，沿岸杨柳依依；再看从东关到百官曹娥镇的乡村绿水粼粼，这一路堪称典型的江南水乡景致，尤其那一带水色清丽，被漆成金银黄绿各种彩色的鹢首船[1]在河上往来不断，与水中倒影相映成趣。记得笔者去时适逢细雨纷纷的清明时节，那情景真有唐诗里的风韵，印象之深刻，让人至今难以忘怀。从会稽、绍兴、曹娥再到余姚、慈溪、宁波等浙东一带，还是盛产绍兴酒的产地，闻名天下，无人不知。不过若问浙东第一名胜是哪

---

[1]　图腾遗习之一。《淮南子》曰："龙舟鹢（yì）首。"其注曰："鹢，水鸟也。画其像着船首，以御水患。"这种图腾装饰，表明使用鹢首舟的部落以鹢为图腾，在船首刻鹢像，以御水患。民间端午节竞渡用的龙舟，也为此类图腾遗习之一。

上／柳浪闻莺　下／南屏晚钟　杭州二我轩照相馆摄　1911年

上／雷峰夕照　下／花港观鱼　杭州二我轩照相馆摄　1911年

中国的风景与庭园

上 / 双峰插云　下 / 苏堤春晓　杭州二我轩照相馆摄　1911 年

上／曲院荷风　下／三潭印月　杭州二我轩照相馆摄　1911年

　中国的风景与庭园

上 / 平湖秋月　下 / 断桥残雪　杭州二我轩照相馆摄　1911年

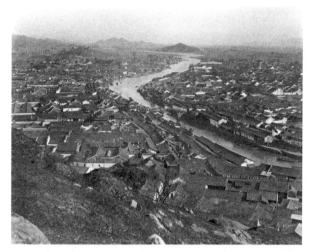

上 / 余姚市　下 / 余姚的桥　甘博摄　1917—1919年

　　　　　　　　　　　　　　中国的风景与庭园

上 / 兰亭流觞亭　下 / 太白山天童寺全景　常盘大定、关野贞摄
1918—1924年

里，恐怕知者不多。那便是王阳明先生的故居所在地龙泉山北麓到竹山桥一带的夕照，从慈溪到宁波甬江一带的秀丽温馨的风光，再以中国五大禅山之一的天童山为背景遥望山上一座座禅宗寺庙，是其他地方难得一见的景色。若有余兴可溯钱塘江至上游，进入旧严州的峡谷地带，间或有茶园，多幽境，风光美不胜收，犹如一大画卷。

第四节　庐山

华中地区长江沿岸，佳景颇多，而其中风光最为卓越者无疑是天下闻名的庐山。从五柳先生陶渊明的故居所在地彭泽县向着湖口、九江溯江而上，左手间有白云锁住半边天，云开之处，偶露巨峰怪岩面目者，便是庐山。

白居易有诗《琵琶行》"浔阳江头夜送客，枫叶荻花秋瑟瑟。主人下马客在船，举酒欲饮无管弦"是为古来名篇，每读之仍不免让后来游士为之动容。可惜白乐天当年所赋诗中浔阳江水路已然湮没无存，听说只残留一个孤零零的琵琶亭（弹琴亭）；江边宣化宫里尚存一小庙，犹似在讲述着当年的故事。由九江城外左侧可见甘棠湖，沿大路行13千米可到庐山山麓的莲花洞。

古时即有说法："不识庐山真面目，只缘身在此山中。"庐山实在太大。以最高峰大汉阳峰来说，海拔为1474米，群峦相依，夏季来此避暑的外国游客不下千人，基本集中于牯岭，犹似一大乐园所在地；周边有香炉峰、五老峰、秀峰寺等，景色绝美，景区很

庐山甘棠湖烟水亭　常盘大定、关野贞摄　1918—1924年

上／庐山白鹿洞书院前景　下／庐山五老峰及白鹿洞书院
常盘大定、关野贞摄　1918—1924年

　　　　　　　　　　　　　中国的风景与庭园

牯岭仙人桥　甘博摄　1917—1919 年

牯岭帆船 甘博摄 1917—1919年

中国的风景与庭园

多，日本人在此建别墅者也不在少数。

以笔者的中国风光考察经历来看，对庐山抱有兴趣的人不多。有人说庐山有虎甚险，也有人说轿夫恶者颇多，不可不防，还有人说山太大，一两天内难以看完，各种说法都有。事实上，以庐山这样的深山幽谷，兼具世界闻名的避暑胜地，而且与古来文学诗趣相关的遗迹甚多，陶潜子孙的居所至今尚存先生喜欢的晚斟用醉石，还有李白的瀑布，五老峰，香炉峰，朱熹的白鹿洞书院，等等，可供后人缅怀之处不胜枚举。若只逗留两三日，仅虎溪、五老峰两地，欲悉数观之亦难矣！

虎溪本是西林寺门前的溪流，传说住持慧远自我约束，送客不过虎溪，某日陶渊明与陆修远来访，主人送客时忘记约束，过了虎溪，听到老虎的啸声，三人不觉哄笑，为后世留下如此典故。从牯岭到仙人洞、白鹿洞书院、天池寺、御碑亭、佛手岩、读书台，然后从此处沿陡坡下东林寺、西林寺、湖溪桥，这是顺路，但山路陡峭，一路走来却也不容易。天池寺的古塔下可以俯瞰江西、安徽的平原地带，眺望脚下的长江蜿蜒铺展而去，那种天地壮阔之景，可谓庐山览胜望远之第一选；或者出牯岭向南，有含鄱口，站在此位置可以远眺脚下的白鹿洞书院、南康镇，乃至鄱阳湖上的点点岛影船帆，这是庐山览胜望远之第二选；再或者上五老峰，从其最高处眺望脚下松林中之海会寺，还可远望从鄱阳湖到虎口、景德镇，乃至南昌之景，其壮阔景色以我之见，未必是庐山览胜远望之第三选，若以观湖的情趣和遥望江西特有之红壤奇观来说，为第一选也未可知。而多次提到李白吟诵的五老峰，便在眼前。吟诵李白诗歌，观望眼前奇景，岂不快哉！

登庐山五老峰

庐山东南五老峰，青天削出金芙蓉。

九江秀色可揽结，吾将此地巢云松。

庐山瀑布最为有名。从李白吟诵的"飞流直下三千尺"的瀑布到三叠泉瀑布、黄龙寺之黄龙瀑布，庐山各处遍布大大小小的瀑布，皆可与日本华严瀑布[1]相匹敌，为庐山风光增色不少。其中尤其有名的是以李白观瀑得名的黄岩瀑布，悬空而泻，下有瀑布潭，名曰青玉峡，泉水清冽，多石刻，是庐山南麓最为壮观的名胜所在，值得推荐。庐山名胜实在数不胜数，难以穷尽，为免遗漏，再列举以下几处以资参考：

（1）五老峰与月岭；

（2）香炉峰；

（3）含鄱岭与大汉阳峰；

（4）双剑峰；

（5）观音桥与金井（天下第六泉）；

（6）栖贤寺与万衫寺；

（7）秀峰寺与归宗寺；

（8）柴桑里与栗里（陶渊明隐退后故居及坟墓所在地，有子孙在此居住）；

（9）白鹿洞书院（朱熹故址）；

（10）海会寺（从此寺望五老峰景色最佳）；

---

[1] 华严瀑布，位于日本栃木县日光市，传说发现者为日本高僧胜道，因取佛教经典《华严经》为瀑布命名。此瀑布由男体山的火山爆发形成的堰塞湖（今中禅寺湖）中流出，落入大谷川，落差97米，蔚为壮观，被视为日本三大名瀑之一。

（11）遗爱寺（白居易有诗云："遗爱寺钟敧枕听，香炉峰雪拨帘看。"）；

（12）李白瀑布（黄岩瀑布）。

以上庐山名胜都有文人画作存世，与风景酷肖，估计都是在当地实地写生所成，极富韵味。从各画作局部描绘所看，采取皴法所绘的锦涧溪与实景绝壁酷肖。由此可知，庐山的自然景观对中国山水美的研究极有参考价值，此点定需注意为要。

第八章　洞庭巴蜀的山水

第一节　洞庭湖情趣

中国大陆每到夏天就河流泛滥，到处发大水，陆地犹如海洋，但到了冬天只有窄窄的河床流动着如泥水一般的浊流。如此说来颇有些怪异，可即便天下闻名的湖南洞庭湖，却也的确如此。

每到夏天，常常看到如同巨舰般的一片片排筏顺流而下，少者连绵六七千平方米，多者上万平方米，气势恢宏，让人忍不住赞叹一番，到底是湖南第一大湖。可一到冬天枯水季节，洞庭湖又是另一番模样，寂寞之状几乎无人知晓，因为连学校的教科书上记载传诵的也都是夏天的景色。秋季还好，秋月在上，湖上金波银波涌来，风光无限；一到冬天，江天暮雪，只好指望周边的山景添色，湖水便自动退出了。看看以洞庭湖为中心的"潇湘八景"的选择方法便知其所以然了。如前所述如下：

（1）潇湘夜雨；

（2）山市晴岚；

（3）远浦归帆；

（4）烟寺晚钟；

（5）渔村夕照；

（6）洞庭秋月；

（7）平沙落雁；

（8）江天暮雪。

这其中无论是"潇湘夜雨"也好，"渔村夕照"也好，其景色必须是丰水期的夏季，湖水溢满时候才好看。这一点，湖南、湖北都无区别，有如两湖所在的省名所示，湖水苍茫是构成其景色的基础。从汉口乘船出发，溯长江经金口镇、嘉鱼（赤壁城）、城陵矶进入洞庭入口之岳州，若是夏秋之交，从船上望去，湖水有如汪洋一片。乾隆帝嗜好的茶叶君山银针，其产地君山正在湖口附近，那一带看上去宛若海岛一般，而且湖上常可看到前往长沙、湘潭、常德等城市的汽船来来往往、运输繁忙，感觉真不只是一个湖泊而已。但若看到岳阳楼的高大楼门上的"卍"字瓦图案，或许便能想起范仲淹的《岳阳楼记》。那时想想这洞庭湖水虽混浊不堪，却是拥有悠久历史的浩渺湖泊，思古抚今，岂不令人感慨。

古来洞庭湖水的浪涛汹涌之处很少为文人所传诵，可能是因为少了风雅趣味使然。可笔者那次乘"湘江号"游湖，本意是想体验一番中秋望月的感觉的，不巧那夜虽是天高月朗，却碰到大风，船身摇动幅度很大，完全没有赏月的气氛，不得已只好就近停靠到芦林潭附近的小岛暂避一时。可能与湖水太浅有关，当夜波涛汹涌，实在与海浪没什么区别。可以这么说，将丰水期的洞庭湖看作海洋是没有多大问题的；湖水是湖水没有错，但那感觉真不像是湖水。虽说如此，但若逢秋天好日，看夕阳西下，有雁群在夕阳余晖里由

岳阳楼　常盘大定、关野贞摄　1918—1924年

　　　　　　　　　　　　　　　　　　　　中国的风景与庭园

远方阵阵飞来。遥望远处的芦荻丛一片淡黄，芦苇尖尖，微茫之中，只见细长的苇尖一根根划破天幕；再看近处的芦苇颜色还是绿的，时而有野鹿出没。这样一幅楚楚动人、可以入画的野景，怎么考虑也应是与"湖边芦雁"的画题完全贴切的了。

第二节　巴山蜀水

说起巴蜀之地的风景，且不说与中国其他地区相比，即便与全世界的景胜比较应该也不会逊色；行文至此，笔者虽一直说庐山山水甲天下，其实从内心来说，实在想要做些适当订正。

关于巴蜀山水，笔者曾在拙作《中国文化的研究》《中国的社会相》《中国风俗谈》《中国旅行记》《中国游记》里做过比较多的片段描述，尤其对三峡天险中大自然山水的个人感受之强烈，完全不在古人如陆游，今人如竹添进一郎[1]之下，对瞿塘峡、西陵峡、巫峡的风物，亦就个人考察结果做了尽可能详尽的介绍。三峡全长193千米，是峡谷水道中相当长的一种；从长江口上溯约1610千米，过了宜昌之后开始进入西陵峡，这里是三峡的峡门。

三峡各个峡谷的风景各有特点，所见不同，意见也未必一致。溯江而上，总的来说，西陵峡作为第一道峡谷，峡中景致与其他二峡相比显得温和平缓；峡谷没那么险峻，比较开阔，山峦高低也都

---

[1]　竹添进一郎（1842—1917），日本著名外交官、汉学家，著述甚丰，尤以《栈云峡雨日记》著名，后刊入《幕末明治中国见闻录集成》（第19卷）。内容为作者赴三峡的百日旅行游记，是日本对三峡地区风景的早期珍贵记录。

差不多。然而，一旦进入下一道峡谷巫峡，从峡口的官渡口开始，到所谓巫山十二峰，峡中的风物突变，山势开始变得险峻陡峭。再进入第三道风箱峡时，山已是绝壁，最高峰竟有1500多米，有如泰山压顶，与云天比肩。三峡就这样在两岸绝壁险峰夹峙之下，一路急流险滩，至白帝城下，江中突兀地耸立着一块巨大磐礁，古称滟滪堆（已被炸毁），是最为凶险的所在。直到过了夔府城（今奉节老城），江流才开始开阔起来。从上海溯江逆行1600余千米，长江始终平缓流淌，直到进入宜昌，突入如此凶险的峡中，绝壁之景观令人恐惧，变化又实在太大，让看惯长江千里坦荡的下游人士为之称奇。特别需要介绍的是峡内的滩，如泄滩、新滩、观音滩等，其险皆如其名，均为三峡上游险滩所在，激流汹涌，经过之人，无不为之变容。过三峡再向上行，险滩愈多，凶险更甚，不胜其扰，有名者如狐滩、群猪滩等，皆可与三峡之险相匹敌，可谓天下雄关，凶恶至极。

三峡风景的特色便是其两岸绝壁的奇拔，有如仙境般的情趣，峡中盛景数不胜数，几乎无处不令人惊讶。现将大家比较熟悉的景胜，按照顺序大概列表如下：

1. 西陵峡中的名胜

（1）三游洞的吊桥与山门；

（2）灵泉寺严窟（石门洞的景色）；

（3）灯影峡；

（4）平善坝（税关所在地）；

（5）天仙桥与天柱山；

三峡峡谷两边的高峰　甘博摄　1917—1919年

（6）黄牛峡与黄陵庙[1]；

（7）山斗坪与天外的仙鹤观（道观）；

（8）空舲峡的雄关；

（9）牛肝马肺峡的牛肝石；

（10）兵书宝剑峡（别名米仓峡）；

（11）英国人布兰德船长（Captain Brand）的纪念碑与香溪；

（12）新滩与泄滩；

（13）屈原公祠与秭归；

（14）巴东。

2. 巫峡中的名胜

（1）楠木园；

（2）巫山十二峰（登龙峰、圣泉峰、朝云峰、望霞峰、松峦峰、集仙峰、净坛峰、起云峰、飞凤峰、上升峰、翠屏峰、聚鹤峰）；

（3）巫山神女庙；

（4）巫山小河与巫山城墙。

3. 瞿塘峡中的名胜

（1）下马滩与宝子滩；

（2）与大禹有关的错开峡；

（3）风箱峡的奇岩陡壁；

（4）"天梯津逮"石刻与孟良梯栈道；

（5）黑石滩与滟滪堆（巨大暗礁）；

（6）白帝城；

---

[1] 此处有黄陵庙，古称黄牛庙、黄牛祠，又称黄牛灵应庙，峡名疑从庙名而来。

（7）诸葛亮八阵图址与臭盐碛；

（8）夔府城；

（9）云阳的张飞庙；

（10）万县（今万州）的连天山色。

三峡的风景自宜昌溯江而上，经云阳到万县，大体结束。若以入峡后至白帝城之间选择奇拔的所在，其中最佳名胜应为西陵峡附近的石门洞道的奇溪、天柱山、牛峡、空舲峡、牛肝马肺峡、米仓峡间，且都是入峡后首先得到的强烈印象，尤其是空舲峡两岸的悬崖峭壁夹江而立，犹如双龙飞舞，给人以急转直下、有欲投江的错觉。此绝景应该是自上海登船溯江1600余千米后看到的第一处惊人的景色。自此开始，便有目不暇接之感，牛肝马肺峡是前者的延续，悬崖上有一大石，如牛肝状突出断崖之外。问了当地人，才知那便是有名的牛肝马肺峡得名由来之物。米仓峡的断崖绝景，其规模更大于空舲峡，景色相差无几。

关于巫峡，便是巫山十二峰，奇状皆无以形容，忽而奇峰突起，忽而有如狂飙欲飞天外，峡谷变化多端，实令人不得不叹服天地造化之妙哉！乘船溯江而上，十二峰时时刻刻都在变化容颜，虽都各有名称，究竟哪个是登龙峰，哪个是上升峰，哪个又是朝云峰、聚鹤峰、飞凤峰，实在难以分辨，可自己看去，无论哪个又都像是登龙峰、上升峰、朝云峰，实在不可思议。而实际上，虽然分外注意观察，十二峰想全部看到也十分困难，充其量只不过看到八九座峰而已。总之巫峡之中奇峰林立，压倒长江，高耸于云天之外，称其为宇宙奇景，亦不夸张。

风箱峡前面有传说为大禹治水时开凿的错开峡，船行至此，从左舷仰望，恰好可看到巨峰在上。传说这正是大禹当初错开的峡

上 / 峡谷和山峰　下 / 蒸汽轮船（重庆）　甘博摄　1917—1919年

　　　　　　　　　　　　　　　　中国的风景与庭园

谷，后来又改开瞿塘峡，并开凿成功。要说三峡最后一道最奇险也最狭窄的峡谷应为"天梯津隶"与孟良梯的摩崖石刻一带。两岸之间狭窄到似乎可以相互以手触之，对面讲话，随意应答。即便如此，其实也有大约90米的距离。峡中成年累月都被云雾笼罩，白日里也显得阴暗，且是"两岸猿声啼不住"的幽谷，这一路景色到白帝城、夔府一带才算终结。经云阳到万县，峡中水面渐宽，适才刚过的云雾压顶的感觉也多少有所缓和。然而万县的风景依旧山色连天，江流汹涌，还是显示了巴蜀大山里的古都奇美。万县以上，作为名胜，无论古都、山势、江流，令人印象深刻之处甚多，十分遗憾，受篇幅限制，无法悉数介绍，此处只将其主要名胜的名称列于后，请予参考。

4. 万县以上之长江名胜

（1）中州及石宝砦；

（2）丰都及其周边；

（3）涪州及涪陵江；

（4）长寿区；

（5）重庆、江北及涂山；

（6）大茅峡及十三连滩；

（7）泸州及沱江；

（8）岷江及叙州。

岷江是四川境内四大河流之一，流经峨眉山下，后与金沙江合流，注入长江，属于长江的一条支流。笔者溯长江2414千米之遥，终于进入其上游主要支流岷江叙州一带进行考察，这是目前乘坐汽船溯江西行的终点所在地。其风光特色因地理位置接近贵州和云南，有种进入秘境之感；但从实际观感来说，除重庆以外，基本上越走越觉胜景不多，唯一令人感兴趣的是白云生处的山寨生活，这应是当地风物最奇特之处。无论怎么说，相比巴蜀之地的奇景，私以为还是以三峡的峡中风景为最妙。

中国的风景与庭园

第九章　中国南部山水

　　就中国南部福建、广东地区来说，风土与中国北方有显著不同，而与华中地区相比，渐渐添了许多南国风情，植物种类也与中国台湾比较接近。因此说到中国南部的风物，虽然未必如人们所夸张的那样，似乎到处都是瘴气，不过湿润的空气蔓延开来，确实对当地的风景变化产生了很大的影响，其情自不待言。

　　福州、厦门的风物，广东汕头的景趣，无一地不具南国情调，这固然与其地理位置不无关系，因其天然的南国关系，从山川草木到居家房屋的构造、船舶的形状，一地一样，多有变化。比如福建省福州、闽江两岸一处有如龙盘虎踞的连山，配以松树林之美；闽江独具特色的民船在江上来去往返，尤其当地有名的装潢美观的山东船，看其靠岸抛锚时的样子真是难得的景致；此外福州、鼓山、乌石山一带的山容，南台、长桥一带的山水之美，市内防火壁亦极多，这情景是其他省市几乎看不到的。福州地方更有地方特色，闽江船老大的妻子们喜欢在头上插一根长长的笄，佩着花饰，也是当地的独特风情，成为一道颇为温馨醒目的风景线。

　　闽江两岸风致从某种意义上来说，几乎可与三峡相比。两岸巨岩裸露，颇有"倔强不屈"之感，不过到底不似三峡两岸巨峰林

103

立，船行峡底，心情颇受绝壁的压抑；相比之下，闽江岩石诚然很多，却都呈圆石状，颇有润滑宜人之感。

广东地区虽然不能作为中国南部全体的代表，尤其无法取代云南、贵州一带的特别景致，但在贯穿南部整体的亚热带气候与自然地势上与云贵几无差别。山多为丘陵，田野多荔枝、龙眼、榕树和香蕉等，作为南国气氛象征的热带植物多有生长，华中一带给长江沿岸添了诸多风致的杨柳树林在这里很少见，更多的则是珠江沿岸的荔枝树，荔枝树竟多到成为此地的林荫树，可谓别有风情。

珠江上有极美的五彩游览船，有如画舫一般在江上往来，当地人称为紫洞船。看其往来游弋的情景，加之周边的山水景趣，眼前有如展开一幅别有特色的广东山水画卷。

至于说到中国香港，其南国气氛只要乘车在岛内四处兜上一圈，基本便可得其要领，也大致能够明白其风致与情趣。其风物印象，让我多少想起中国台湾。可又不免因此任思绪再往南走，想起从新加坡到马来西亚的槟岛，乃至印尼的苏门答腊，回想起赤道直下，来自广东、福建的华侨们居住地的风物景致，那与中国南部相比，风物景色差别之大，自不待言，这里便不再啰唆。

如此这般将中国大陆概括地考察一番，北自哈尔滨、奉天、北京，南下到汉口、湖南、四川，再到福建、广东，随着纬度的变化，加之距离渐行渐远之故，比较而言，不得不承认中国各地色彩变化差别之大。以日本人的习惯和喜好标准来看，如果说哪一带更能给人以愉快之感的话，首先不是中国北方。北方的寂寥、苍茫的景色，固然有其辽阔浩大为背景，然而毕竟太缺乏水分滋润，山川树木都显得干枯无味。然而再说到南方的话，水分倒是足够充足，但瘴气即便已经不是问题，榕树的森林郁郁葱葱，繁茂无比，那其

　　　　　　　　　　　　　　中国的风景与庭园

中难免会有毒蛇之类在树荫深处繁衍，考虑到这些情况，中国南部的风光不免有些浓厚过度。这么比较下来，似乎只剩下中部的长江流域了。长江之滨的山水之美、草木之色、气候等应该最符合日本人心目中的感觉。只是在评价中国大陆的风景之美时，当然不能以岛国日本的标准来考虑，中国各地应该都有各地自己的标准才是。北方人自然以北方的景致为标准，自以为好；南方人也自然以南方为标准，认为南方最佳。人到北方，以南方或华中一带的水分之滋润来要求显然勉为其难，也太奢侈。笔者的话，则无论到哪里，都以入乡随俗为主旨，请当地人推荐当地最具特色的景致来观赏。

广州光孝寺菩提树、六祖发塔及六祖像碑　常盘大定、关野贞摄
1918—1924年

　　　　　　　　　　　　　　中国的风景与庭园

上 / 福州万年桥　下 / 福州江边宝塔　甘博摄　1917—1919年

第十章　中国的庭园

第一节　中国庭园的基础知识

中华民族以其趣味和嗜好而言，原本爱好自然之念甚笃，一般在地理窄小的地方勉为其难的造园想法应是没有的。从古至今，能够拥有庭园的人大都是皇家贵胄，他们不但拥有庭园，而且拥有狩猎场，过着一般百姓无缘的奢侈生活。中国古书说，上古天子的官学堂内，有山有池（又称绕池或泮池），富丽堂皇。

中国庭园史上有名的理想庭园据说是金谷园[1]，具体是何种庭园，不知其详。不过笔者曾对王羲之的兰亭曲水流觞的遗迹进行过实地考察，以笔者管见，大体是以山为背景，水也都是引自天然之水，水边绿荫之处设亭榭楼台，铺石为路，曲径通幽，畅抒诗情，且配有适当生活设备。兰亭本为会稽山阴的山间名胜，好景致自然

---

[1]　金谷本为地名，在河南洛阳西北，西晋卫尉石崇曾筑园于此，园极奢华，现已不存。因唐代诗人杜牧创作的一首同名七言绝句而驰名。诗云："繁华事散逐香尘，流水无情草自春。日暮东风怨啼鸟，落花犹似坠楼人。"

很多，若在市井之内，即便想造庭园怕也不易。

城内住宅自受面积限制，中国南北各地无论何处皆筑城，市街周围以城墙绕之，以保护市民生命财产为第一目的，如此一来，城墙内部毕竟面积有限，住宅密集，诚为实情。也只有皇家宫廷内部才有可能建庭园，开池塘，筑假山，设回廊，一般平民首先不可能拥有建园的土地，自然也没有建园的可能。今日中国南北各地但凡私宅内设有庭园者，或是世袭的皇族贵胄，或是代代做官的豪门，数量极为有限。近代以来亦除非豪商贾客之资产阶层方有此等可能。综上所述，各省情况大致差不多，只要是稍具规模的庭园，从位置上来说，基本都在城外，从距城远近上也大致可以看出主人身份之高低。

此外，中国民家即便一般平民，无论有无院子，在檐下栽培牡丹，用花盆种兰，爱花种花之人甚多，城内到处可见。一般来说，虽然并没有适当大小的院子，但也会想办法在院子的角落里，或在放杂物的小屋墙壁靠南侧摆满花盆，也只能做到此种地步了。在此情况下，若想造园的话，只能限定在极小的范围内进行策划，又要有池塘，又要有桥，还要造假山、长廊等，把这些全都放进去，肯定难以容纳，庭园自然也会显得十分狭窄和窘涩。有学者指出，中国庭园的一个特色就是不考虑结果，各种景色安排过密，这当然也是受城墙围困、土地有限情况下的无奈选择。中国各地城内情景，大抵道路狭窄，住宅密集，居住区到处拥挤不堪，对土地的利用也非常紧张，不允许空闲土地存在是基本原则。

当然中国人倒也未必是觉得空地有碍观瞻。但凡有能造园的空闲土地，一定会首先修路进去，优先建设住宅。本来已经毫无宽裕的土地，城里都已经十分紧张，很多新的商业区域已经不得不向城外发展，这也是不得已之下的发展结果。

别墅胜地另当别论，城内住宅区的庭园在如上所述土地极为窘涩的情况下，难以得到宽敞的土地环境诚乃实情。因此，但凡在城内建造的庭园因受地理限制，都不免会显露以上特色。当然中国庭园这种布局过密的特色也不只是因为城内土地过于紧张，与其国民性似也有一定关系。中国人整体上大都存在倾向于大气磅礴，造景时也倾尽全力显得气氛浓烈，少有淡泊空幽感，到处都可见对繁华的过度追求。这种倾向，无疑对中国庭园造景起了很大的作用。

第二节　中国庭园的骨干

中国的庭园历来喜欢巧借自然风貌，对庭园的景色追求是以自然的缩写来予以考虑的，而将自然景色引到自家住宅或别墅来时，尽可能接近实景也是人之常情。说起来，北方人平素所看当然都是北方景色，造园时按理也应取北方景色才是，但事实上并非如此，而是摒弃北方，以南方景胜为摹本来取景建造。

南方的风景首先从山水的搭配来说极为和谐，这当然也是依据中国的园林理念，必须山水兼备，否则几无风景可云。单独论及山景或水景都可另当别论，总之若以山水兼备为标准而论，长江沿线的风景应该说比较容易符合此要求。其山水搭配的和谐也容易使人获得审美快感。因而中国南方自不待言，北方庭园临摹自然时也一定以南方的风景为其模板。所谓南方景色，湖南有潇湘八景，庐山、杭州西湖和江南其他地方景色也不少，但作为临摹模板，西湖应为最多，因而也让西湖风光由此风靡天下。诚然若以济南大明湖来说，细节之处也能举出许多当地特有之美，但古来作为具有历史价值的风景，无论如何，还是以西湖最具名望。赖其驰名天下的名声，但凡造园，各地几乎都会推举西湖作为造园的范本，以至西湖范本基本形成了中国名园的骨骼。

作为中国庭园必须具备的要素，自然因人而异，存在各种说法。笔者以西湖作为大体上的一个基准来考虑，以综上所述的见地出发，认为应具备以下必要的要素是：

（1）水	须有池塘、湖泊或溪水。	
（2）石桥	以拱形桥为主，还须有勾栏。	
（3）水中的植物	须有莲、睡莲或芦荻，并附水鸟、鹅类。	
（4）岩石构造物	以多孔的太湖石堆积而成。	
（5）小建筑	水榭、池亭、长廊、画壁、大屋顶须有挑檐。	
（6）小径	铺设各种几何形状的砖石，以具其美。	
（7）小丘	须设石洞，中空，人可潜入贯通。	
（8）树林	园中种树、竹、芭蕉等植物。	
（9）文字	须有匾额或对联佳句。	
（10）园名	如留园、幸园、沧浪亭之类，须有雅名，若有相关传说者最妙。	

如若是北京、天津等北方地区，与南方相比无论如何都干旱缺水，即使从外部引水而来，亦为死水，水质难保不变质，看去不雅

者为多，尤以天津李公祠[1]内的池水为恶例。与其如此，宁可不要载水似更好，载满脏水的池塘，放任不管，甚至将其作为庭园的一大胜景要件，实在不成体统。就连上海一带的城内湖心亭的池水也颇为不净，已是周知的事实，北方自然更难能保证了。

如此费心将山水之美的精华集中于一体，造成于庭园之内，其规划组织、平面设计、各种配置等都须经过周密策划。总之大抵都是狭窄之地，不论效果，将烦琐物件一概安排挤入，必会形成堆积臃肿之感，诚为必然。此外，笔者以为中国庭园以画龙点睛的心理意义加以考虑，似应不可丢失以下要领为是：

（1）充满雄伟的气息。

（2）出于提高生活品质的考虑予以利用。

（3）在四周建设高墙，让外部人士无法看到内部情景。

（4）虽然完工后还可修缮保养甚至重修，但开创时必须尽全力规划，否则之后任其荒废的结果将十分遗憾。同时也要估计到造园之后中途荒废的可能，最好造园当初就将此考虑进去。（具有讽刺意味的是，若考虑周到，荒废后的园景反而会有可能增加一定观赏价值。）

（5）对外开放庭园的可能性亦须加以考虑，在充分了解和预见园主想法的基础之上，尽全力按照园主意愿完成庭园设计工作。

中国的庭园是否都充分注意到了以上事项来进行设计不得而知，笔者在中国南北各地涉猎多家庭园，基本情况如上所述。中国庭园的设计特点是雄浑大气，为此不惜铺张，连盆栽的老松都有同样感觉。本来是以南方各地沿岸湖边常见的潇洒休闲的气氛为模板

---

[1] 李公祠即李鸿章祠堂，原名李文忠公家祠，位于天津市河北区天纬路李公祠西箭道4号，现为天津市第五十七中学校址。清光绪三十一年（1905）由直隶总督袁世凯主持修建。

的，实际却缺乏这种气氛，到处都有过于烦琐臃肿的倾向。此外，作为休闲生活的延伸部分，即便在上流阶层的庭园里也经常会搭设戏台或看台雅座等设施，与日本的能舞台[1]相比，装饰方面也稍显浓重。再者，中国民心渐趋民主化，上流阶层的奢侈生活随时都有受到外部侵入的可能，不知何时就会因为被破坏而感到悲哀。不过既有实力造园，自也应有自卫的考虑，设计庭园高墙让外部难以偷窥，也是理所当然的考虑。

大凡中国庭园主，多为名流之后，继承祖先家业，却往往家道中落，至后两代三代便难以传承。故而筚路蓝缕营造之庭园，一代即止，陷于自然荒废者多。虽说如此，若自然荒废的庭园稍加改造，反倒更显古色怆然，加深了庭园味道。其理由盖因初创时人工雕琢太过，缺乏浑然天成之感，看去自然俗不可耐；数年荒废之后，大自然予以天然弥补，实乃造化之功也。但其中也存在程度不同者，近来为维持其庭园，不得不对外开放，收取门票，以作修缮之用的庭园也开始增多。

巧妙运用中国庭园中的所有要素，对石桥、水榭、亭阁、楼台、对联和匾额等都运用得尽善尽美的无疑是驰名天下的皇家庭园——北京颐和园，其次则是北京紫禁城内的北海、中海和南海的庭园。其中北海最具特色，只莲池、五龙亭和景山望远的佳趣就叫人感慨无限。若看细节的话，从北海桥到水榭、假山，以及亭台楼阁的千变万化，挑檐的豪华感，都实在不同凡响。南海地区又别具

---

[1] 能剧是日本传统舞台艺术的一种。至江户时代为止，被称为"猿乐"，明治维新后，包括狂言在内，统称为"能乐"。相对能剧大都以神话或历史为其题材，狂言则以日常生活为主。传统能乐舞台一般设在神社中，现代已有专门的剧场，但基本设在露天场所。样式颇似中国农村的戏台，除中央的舞台外，左侧有连接舞台的长廊。舞台本身呈正方形，突出于观众席中，可由三面观看。舞台正面除设松树饰物（镜板）之外，不设其他任何舞台装置。

一格，尤其像荷风蕙露亭，其匾额对联佳句甚多，看去颇有古意，引人遐思。中国庭园尤其注重建筑，大屋顶是其样式特色，挑檐线条优美，黄瓦又呈彩色，亭台楼阁高耸云天，蓝天黄瓦交相辉映，美不胜收，这是中国庭园最下气力的地方。古建筑的富丽堂皇，加之圆拱桥在水中的美丽倒影，都成为中国庭园最重要的美学要素，从此点来看，确实具有极高的艺术和审美价值。

上／西湖先贤祠九曲桥　下／西湖先贤祠卍亭
常盘大定、关野贞摄　1918—1924年

上／绍兴兰亭正门　下／余姚东湖秦桥　常盘大定、关野贞摄
1918—1924年

　　　　　　　　　　　　　　　　　　中国的风景与庭园

第十一章　文人化的庭园

第一节　文人山僧的幽静庭园

　　中国作为古老国家，如皇家庭园般极尽奢华的庭园自然不在话下，其实同时也存在极为简素古朴、足以发思古之幽情的洒脱而天然的民间庭园。

　　如果以为气氛浓厚、专事雕琢便是中式庭园的全部的话，那可就大错特错了。偶有机缘看到一些或文人墨客或山野僧人所造庭园，颇具天然之风，又有人间情味，令人轻松舒畅。中国实在太大，即便庭园业界也有各种各样奇拔的设计存在。中国庭园很会利用自然水流，水边栽有杨柳，有水鸟，有废弃扁舟独自横的野趣，有露台，有石凳，有盆栽若干，房檐下置放可供饮茶之用的茶几一二，各种设施齐备。背景或借景为江边的芦荻，鸟雀南飞，满目天然的景趣，主人的茅庐就设在近旁，说是茅庐，其实都是相当大的建筑。无论春夏秋冬，都尽可在园中邀友设宴，开诗会，读古书，赏古画，风雅之至，展现一幅与元代画家倪云林的山水画完全一样的情景，几乎可以说是现代版的文人田园生活。

在上海苏州河上游曹家渡的附近，友人廉君[1]筑有一座名为"小万柳堂"的茅庐。廉君大名廉泉，号南湖，是位闻名遐迩的隐士，此处是他的宅邸，旁有庭园。

笔者曾有幸与吴昌硕[2]、哈少甫[3]、王一亭[4]、吴藏龛[5]诸友到访此地，与主人廉君一起作半日清游。庭园可见芦荻，江上一叶孤舟，新绿的杨柳摇曳，其间小雨渐至，潇潇洒洒，更别添一番情趣，不觉间竟有穿越唐宋、想象当年风流高士群聚墨戏的错觉。盖此类庭园的意趣全在于园主与来客的志趣相投，对文人墨客来说，即便豪华的汉白玉勾栏拱桥，他们也并不放在眼里，反倒是自然天成的庭院，更觉潇洒自如。

笔者曾访杭州西湖龙井禅寺，寺内高僧在园内为笔者煮茗，有幸品尝，想起当日之事，感慨颇多。当地紧靠龙井山，被一片郁郁葱葱的绿荫所笼罩，山石铺满青苔，庭园极简素，有嫁接到古木上的石榴、枫类盆景种种，还有不知从哪里收集来的两三百块钟乳石整齐地摆放着，除此以外并无兰花、芍药之类，真的是好清爽的院

---

[1] 廉君，即廉泉（1868—1931），字惠卿，号南湖，又号岫云、小万柳居士。精诗文，善书法，嗜书画、金石，并以其诗文书画交游于王公贵人之间。光绪三十年（1904）冬，因不满清廷统治，辞职南归，移居沪上。在曹家渡购地筑园，营造别墅，北京旧时曾有两座名为"万柳堂"的私人庭园颇为驰名，或取此典，题名"小万柳堂"。

[2] 吴昌硕（1844—1927），初名俊，又名俊卿，字昌硕，多别号，浙江人。晚清民国时期著名国画家、书法家、篆刻家，"后海派"代表，杭州西泠印社首任社长，与厉良玉、赵之谦并称"新浙派"的三位代表人物，为清末海派四大家之一。

[3] 哈少甫（1856—1934），名哈麟，字少甫，号观叟，晚号观津老人，斋号宝铁砚斋。回族，江苏南京人。弃儒经商，曾两度赴日本，为20世纪初上海工商界巨子。在画坛非常活跃，工书画。

[4] 王一亭（1867—1938），号白龙山人，法名觉器。祖籍浙江，生于上海。清末民国时期著名书画家、实业家、慈善家、社会活动家与宗教界人士。

[5] 吴藏龛（1876—1927），吴昌硕之子，民国著名画家。

落。于煮茗之间，就此展开主客之间的琴书之谈。不觉间进入禅问答的境界，并渐渐领悟到这是远远超越普通庭园之上的庭园，禅味庭园的简约竟如谜一样，让人不知不觉步入冥思冥想、无念无想的静寂无声之境。那时候我只感觉，若不是这样的庭园，恐怕万难有此体会。

第二节　文人的庭园观

文人视天下山水为自己的庭院；山僧更视普天之下率土之滨无不为己所有，年年月月云游四方。笔者同样也是情不自禁视中国的风景为自己庭院的一介游士。但心态上决不挑剔，一旦说庭园便须奢华的颐和园或者北海，此类拘泥，丝毫皆无。自己既非文人，也非山僧，以自己平素在中国接触的经验来看，那些普通的文人或山僧，也都不觉得拥有一个属于自己的小小庭院有丝毫的必要。

日本可不一样，人人都想拥有一个属于自己的别墅或是庭园，为此则不惜花费气力造一个园，然后把自己囚禁于此，这无异于作茧自缚。于笔者来说，天下所到之处，山水景色都可看作是自己的庭园，只要自己快乐，之后荒废也好，兴盛也好，大自然自会去解决处理，而且天下名山胜水无论人们如何宣传，尽可随其之便。即便看作自己的庭园，其实也是属于天下人所有，对所有人开放的。不过另一方面，文人对山水自然的热爱自然也会行诸笔端，无论赋诗作画，只要拿起笔来，对自然景色的描写就不免会超过实际状况，不实乃至夸张的描写皆属家常便饭。常常见到文人在文章里随意描写，不顾事实，凭空打造出一个个虚假的山水名胜出来。苏东坡之赤壁，赖山阳[1]之耶马溪[2]，都属于此类典型，结果是因为文名太盛，文笔魅力远超庭园本身的价值。所以中国的庭园无论如何耗神设计，材料又如何铺张，结果皆随文人的心情好坏，笔墨一不小心就左右了庭园的价值。此类情况盖因文人对各类山水各有所好，见地心情也十分随意，毫无负担，不过随心所欲而已。且看天下的文人墨客所为，如倪云林，如沈周，如八大山人，如石涛等名工画师，天下山水任其摆布，画笔一挥，韵味皆具，结果是各地山水美与不美，全依仗画师个人的超凡气宇和巨大笔力，他们对天下山水的影响力需要特别加以留意为是。

---

[1]　赖山阳（1781—1832），江户时代后期的历史学家、思想家、诗人、文人。所著《日本外史》最为著名，对江户末期的倒幕运动影响深远。
[2]　耶马溪，位于日本大分县的溪谷，以被赖山阳命名而知名，被视为日本新三景之一，现为耶马日田英彦山国定公园。

苏州沧浪亭 常盘大定、关野贞摄 1918—1924年

湖州守先阁　常盘大定、关野贞摄　1918—1924年

　　　　　　　　　　　　　　中国的风景与庭园

第十二章　中国名园的现状

第一节　北方名园

　　无论是金谷园，还是兰亭，从古籍文献上所知的中国古代名园，至今尚存的实在太少。民间的庭园，在山西太原城内有一所四美园[1]。笔者也曾专访太原，游历此园，园内基本以假山、十三层的琉璃佛塔、水榭、戏台等组合而成，配置还算和谐。除此之外，特别需要加以介绍的基本没有。中国北方要看雄伟壮观的名园还是要去北京寻找。北京的话，如今已成公园的城南游艺场（今已不存）中所设的庭园，中央公园（今中山公园）的水榭亦是值得观赏之处。不过无论如何，因为有皇家御园的颐和园和紫禁城内的北海、中海和南海的存在，其他所有民间庭园都黯然失色。颐和园据说是当初慈禧太后挪用建北洋水师的预算来兴建的，因此其规模自

---

[1]　四美园，具体年代已不可考，现已不存。是当时太原府著名妓院，并州名妓与城中风流名士，常常出没于斯。园中景致极雅，庭堂联额，多出名手。清咸丰年间名噪一时的言情小说《花月痕》即以此园为背景成书。琉璃塔于1959年移至现文瀛湖公园内，完全由琉璃构件堆叠而成。

然宏伟，殿堂楼阁金碧辉煌，仅看昆明池的十七孔桥和石舫已知其奢华极尽。作为中国一大庭园，颐和园确是体现中华民族古典庭园艺术的最高峰，其艺术价值之重大，评价其为震撼世界的一大杰作亦不过分。

但凡有兴趣前往中国旅行，观赏中国的自然风貌、庭园和建筑，或意图考察中国的工艺美术者，大都对中国文化之旅抱有憧憬之心，旅途中一定不要忘记看这颐和园，此园确实无愧于中国第一大名园之称。万寿山的山后部分多少有受到破坏的痕迹，但从今日现状来看，入场费收入相当可观，足够应付修缮整备之用，管理方面也相对比较完善。到中国北方观光必看颐和园，若是漏掉的话，几乎可说画龙忘了点睛，我个人愿竭尽全力将此园推荐给愿做名园研究的各位游士。

仅次于颐和园的就是北海公园，办入场手续曾经比较复杂、烦琐，最近已经简化，一般公众都可随意观览。与颐和园相比，其整体的景致更为柔和精致，莲池、水榭之间杨柳摇曳成趣，从五龙亭遥望景山更蔚为大观。园内小径、长廊和勾栏等细处，仔细看去虽已有所破损，但整体上保护得还属可以。一般公园里面最令人讨厌的就是乞丐较多，但北海公园是个例外。到北京观光，去北海公园做半日清游绝对有其价值，特此推荐。

山东地区，人们一般会去济南、泰山、曲阜和泰安府，庭园方面一定不要忘记去看济南的大明湖。泛舟湖上，来往于芦荻之间，在历下亭上船，到乾隆行宫的旧址登陆，做一日清游也是不错的选择。济南民间庭园颇为著名的还有趵突泉，作为近水纳凉之地深受民众所爱，是晚间散步的好去处，夏夜游人颇多。此外天津的话，

趵突泉石碑　甘博摄　1917—1919年

倒有私人庭园，比如方乐雨先生[1]邸园，园内假山"龇牙咧嘴"，奇形怪状者多；有池，但水量甚少，整体看去，盖因北方地区干旱所致，也是无奈之事。

中国北方名园接近自然景色且规模较大者，应属北京西郊，西山地区颇有好景致。西山首先是八大寺、大悲寺一带，庭园巧妙地利用了山麓地形的倾斜特点，绿荫之处，配以假山，有洞门，借天然景趣造就的园林实有妙趣。

第二节　南方名园

中国名园必须有水自不待言。以此角度来说，也只有南方长江流域一带才得其地利，如武昌张之洞故居抱冰堂旧址[2]，虽建于小丘（蛇山）之上，无池水，但脚下即为浩瀚长江，附近池沼亦甚多，借景之于大陆庭园的妙趣足见；再如古琴台[3]，又名伯牙台，建于汉阳晴川阁后方，庭园内有开阔莲池，不经意间竟感诗韵盎然。笔者去时古琴台正值楼榭修缮之中，竣工后，景趣定可倍增。

湖南除洞庭湖、潇湘八景之外，还有曾国藩故居的庭园石桥颇为有名，其他名园亦多。溯江而上，经沙市、宜昌进入巴蜀秘境，

---

[1]　方乐雨，民国画家。详不可考。
[2]　抱冰堂，建于1909年，是辛亥革命百年重要建筑，位于武汉武昌蛇山南腰首义公园内。该堂是清末两湖总督张之洞的生祠，现为张之洞纪念馆。
[3]　古琴台，又名俞伯牙台，始建于北宋，重建于清嘉庆元年（1796），位于湖北武汉汉阳区龟山西脚下的月湖之滨，东对龟山，北临月湖，是中国音乐文化古迹，湖北省重点文物保护单位，与黄鹤楼、晴川阁并称为武汉三大名胜。

重庆有刘家花园,设戏台、园池、盆景、礼堂,皆为具有纯粹中国庭园特色的景观。园主的庭园趣味与园艺趣味体现在一草一木之上,乃至匾额、对联的一字一句都精益求精,风雅之至。对来此游历的雅客来说,这庭园里的各处匾额词句竟几乎不可缺一字,否则难以为妙。

　　长江上游的峡中区域,一切天然都是庭园,远处山上民居皆在云里,樵夫忽隐忽现。笔者曾去看九江庐山南麓陶渊明小酌之处,小溪醉石,五柳先生于自己庭院内自陶自乐的胜地如今尚在。而在如此天然幽境里生活的文人,与天合一,自然的山水、白云、瀑布同时也陶冶了文人的性情。"烟花三月下扬州",去看看扬州城里何家花园[1]如何?这可是扬州首屈一指的庭园,当地无人不知,江东私人花园以此为雄。只可惜好景不再,莲池干涸见底,亭榭楼台倾斜倒塌,小桥幽径亦似废墟,乃至竟有野狐在周边出没。此外,还有李盛铎先生[2]的庭园从前亦甚有名望,如今竟连影子也见不到了。如今的扬州,古时面貌已然尽失,众多游客只能徒劳地看着幻影中的古城美人哭诉自己的悲惨故事。

　　来苏州亦徒然,曾是苏州第一名园的沧浪亭[3]又如何?这里本

[1]　现名何园。坐落于江苏扬州,又名"寄啸山庄"。始建于清代中期,被誉为"晚清第一园",占地面积1.4万余平方米,建筑面积7000余平方米。何园于清光绪年间由何芷舠所造,片石山房系石涛大师的叠山作品。曾在何园寓居过的名人有黄宾虹、朱千华先生等。
[2]　李盛铎(1859—1934),字义樵,又字椒微,号木斋,江西人。中国近代著名政治家、收藏家。
[3]　沧浪亭,位于江苏苏州城南,是苏州最古老的园林之一。始建于北宋庆历年间,南宋初年曾为名将韩世忠的住宅。此园几度毁于兵火,现园为1949年后重修。园内以山石为主景,迎面一座土山,沧浪石亭便坐落其上。沧浪石亭,由宋代文人苏舜钦建亭并命名,并作《沧浪亭记》,记其过程。"沧浪"原典出孟子《孟子·离娄上》。另据《水经注》记载,武当县(在今湖北)西北四十里汉水中有洲名"沧浪洲"。现园中所题"沧浪亭"三字为文徵明所书。沧浪亭与狮子林、拙政园、留园被列为苏州宋、元、明、清四大园林。2000年被联合国教科文组织列入《世界遗产名录》。

是五代十国吴越王封地，原为吴越广陵王钱元璙后人的池馆，后苏舜钦遭贬购得此园，隐居于此，筑亭取名"沧浪亭"。园内有假山曲水，殿堂楼阁，鱼鸟花竹，据说是个景致优雅、让人流连数日不知返的所在，作为私家庭园应该极具价值，可惜如今也同样荒废不堪，只剩一丝面貌，令人扼腕唏嘘。不过在日本人中间，比起此沧浪亭，更加有名的倒是城外的留园。园内有曲水，有池亭，有假山，有长廊，有依依杨柳，是个幽静的所在，值得风流逸士来做半日游；仰望壁间还有颇多题铭的雅句，书法笔迹不俗，可资鉴赏。有许多日本人会去寒山寺，正好路过留园、西园，皆可顺路一游。没有看过上海王一亭的梓园以及半淞园的游客，估计也会去访留园，因为名声更为显赫。日本人基本先有一个中国庭园的既成概念装在大脑里，十分珍重，不忍丢弃。

江南名园大抵如上所述，大部分都已荒废衰败，只残留一丝面貌而已。苏州城内屈指无双的沧浪亭都已衰败如此，连影子都看不到了。因此也只好在寂寥哀怨之中，缅怀昔日的辉煌面貌了。以上叙述或许有酷评之嫌，但中国庭园从某种意义来说，适当有所荒废并非坏事。比如像留园那样，收拾得过于严谨，却失去幽趣，让人感觉短缺了点什么。但过于衰败，比如像浙江宁波的范氏私人花园天一阁[1]那样，就有些走向极端了。有一点荒废，添些野趣，增加一些自然活力，应为最好。中国的庭园从现状来说，处于半荒废状态者比较多。

作为中国庭园的主要部分，曲水池畔的假山，一般都是用水泥

---

[1] 天一阁，位于浙江宁波海曙，建于明嘉靖四十年至四十五年（1561—1566），由当时退隐的明朝兵部右侍郎范钦主持建造，占地面积2.6万平方米，已有400多年的历史。天一阁及周围园林具有江南园林特色。藏书丰富，为古代建筑、书法、地方史、石刻、石构建筑和浙东民居建筑提供了实物资料。

中国的风景与庭园

涂抹而成，但往往荒于修缮，结果自然是逐渐衰败，但中国的庭园却恰恰以此为雅趣，并不以为然。从古至今，中国文人所喜好的正是"园古逢秋好，楼空得月多""小筑成佳趣，幽居逐野情"。自然加之古朴是最受欢迎的。

出幽斋，扫落叶，寻幽境，西园徘徊，都是古来中国文人游园赋诗常用的词语，自然充满雅趣。实地探访一番江南各地名流的私家庭园，大抵都是如此情态。其实未必一定去中国大陆，中国台湾台北郊外的板桥林家花园[1]即可见一斑。

广东、福建名流的私家花园也有不少，佳者多为南洋马来西亚的华侨兴建。华侨在南洋创业成功，在侨居地兴建豪华庭园者多矣。大多分布在新加坡、爪哇、越南、苏门答腊等地，但那样式已经不完全是纯中国样式，基本是洋式花园了。园里有草坪，有花坛，还有专门设了野外音乐堂的，因系洋式庭园，与此书无关，谨此割爱，不作介绍。

---

[1] 板桥林家花园，中国台湾最著名的私人园邸，也是中国最大的私人园邸之一。板桥林家曾是中国台湾地区第一大富豪。后来林家后代林伯寿先生将园捐公，重修后于1986年对外开放。

第十三章　名园所见对联佳句

第一节　对联佳句对自然的点缀

山河千里之国，弦诵万家之声。中国国土之辽阔，民间之繁华，无论从哪方面来说，都是与其文字名副其实的国家。在中国，无论在何处，且看文士的书斋，恰是"文墨有真趣，山川多古情""飞阁凌芳树，华池落彩云""飞栋临黄鹤，高窗度白云""巨海一边静，长江万里清"。到处都是对联，到处都是诗情。

而且，对联还不仅仅限于风景山水，商贾店铺方面更多。比如笔店，必是"挥毫列锦绣，落纸如云烟"，比如棉花店，则是"温暖如人意，缠绵动客心""寒往暑来功用皆备，裘轻葛细表里咸宜"：都说到客人心里去了。

大凡略通文字之士，只要看这对联，大致便知是做什么生意的，文字运用巧妙，趣味自在其中。再说庭园、堂宇、幽亭、山居等场所，更可看到颇得趣味要领的文字。只看那对联妥否，便可知晓是否君子名园，更可知其有无情趣。笔者自己也曾多次实地探访赏鉴，意外的是也会遇到让人扫兴的无趣庭园，甚至为数不少。一般来说，日本庭园尽量保持庭园的原状，甚少使用字句来点缀庭园，突出的是其古朴清净；相比之下，中国庭园总是一亭一桥，无一物不附雅名，如"放鹤亭"，如"苏堤""白堤"，似乎只有冠以美名才显得名副其实。不仅如此，如西湖放鹤亭，因有林和靖的对联在此，游历过孤山的游客大抵也都记得那副对联，事先知道的人，自然也对其景色寄托无限的期待。他的对联如下：

　　若问梅消息，须待鹤归来。(隶书大字)

　　这副对联对景色美化所起的剧透作用，实在不可低估。其他文人高士赏玩时也常会留下佳句，但凡轩斋、飞亭、池亭、园亭，到处都可见到各类名句，其中有意趣且书法上乘者，确也不俗。

第二节　点缀庭园的佳句

　　笔者近来即使不去中国各地名园进行实地考察，仅以其传诵的雅句来看，也可凭直觉多少领略其庭园的趣味和大致风格。其中尚属上乘的佳句摘录如下：

　　柳塘春水慢，花坞夕阳迟。
　　户外一峰秀，窗前万木低。

园静花留客，林深鸟唤人。

鹤归苔有迹，莺啭柳如丝。

水色山光皆画本，花香鸟语是诗情。

月移竹影侵棋局，风透花香满酒樽。

奇石尽含千古秀，异花长占四时春。

远水碧千里，夕阳红半楼。

长剑一杯酒，高楼万里心。

高楼悬百尺，玉树起千寻。

溪云初起日沉阁，山雨欲来风满楼。

烹茶活火还温酒，洗砚余波好灌花。（乾隆乙酉板桥郑燮）

    如上各式对联很多，几乎随处可见。描述多少有些夸张，但确是出于中国天然山水景趣的本色无疑。其文学趣味充满中国文人画的余韵，佳句颇多，细细咀嚼，回味无穷；怀古之情，油然而生。如上所述，中国庭园的营造在某种意义上并非出自营造师，毋宁说出自文人之手；古来文人墨客的名句竟值千金之价。中国庭园之美完全存在于文人的想象力之中，离开文人的想象，中国庭园将不复存在，这是中国庭园营造的根本，也是中国庭园得以发挥其特色的画龙点睛之处。迄今为止所知的中国名园，都会有类似名联妙句的存在。比如西湖即因此得名，不知是何人的搜集，总之已有大量以西湖为中心的对联佳句的汇总印刷物出版发行。这是造园素材中最重要的高雅要素，中国人造园时必须格外注意，所造庭园也须在此之上极尽趣味、别开生面方可。日本虽也有一些模仿西湖的庭园，但中式庭园随处可见的古来文人名句佳联的文化并不发达，如此重要的精华之处，却从来缺少尖锐的评论提醒。以绘画作比拟说，本来应该是五彩缤纷的图画，日本人却只会画单色的素描，这是日本模仿西湖庭园时最大的问题，让人甚感无奈和遗憾。

对联佳句，用于庭园时，并非一定要五字七字那样的长句，两字三字的匾额挂在小亭、门楼或堂宇之上者亦甚多。此类短词句可以为庭园增添雅趣，虽只两三字，却给观览者留下极深的印象。两字三字的字句对联如下例：

日永　春酣　绿浅　红酣　花港　柳桥　松友　竹朋
杏雨　槐烟　梅雪　柳烟　雨我　风人　绝顶　层凹
沽夏雨　坐春风　莺歌暖　蝶梦兰　丰乐岁　太平春
杨柳节　海棠春　沿堤柳　绕屋衫

四字句也有，如下例：

祥光满堂　瑞气盈门　楼台烟雨　世界莺花
年年旧雨　处处春风　七松留郑　五柳慕陶
天开长乐　人到恒春　萍生南涧　萱树北堂
韦修厥德　长发其祥

如此一来，风吹来，竹自响；春来到，鸟歌鸣。一切都出自天然之味，可供赏玩。山色常如此，风光又一新，中国文人常吟之句，不必改动即可应用，极为简单，经此点缀之下，庭园的趣味竟如四两拨千斤一般魅力倍增。日本虽然江山如画，景趣甚多，而文字上的赞美点缀之句甚少，让人颇为遗憾。庭园虽有佳趣，却无雅名，一桥一亭皆如此，就此湮没下去，竟有无名无姓被人抛弃的弃儿之感。即以个人来说，祖先开创庭园颇为不易，继承者却承继一个无名无姓之园，岂非惜哉！

第十四章　名园所见竹石牡丹芝兰

第一节　芝兰竹石之趣味

花开富贵浸春浓，满庭的花香，在中国一直让人联想到富贵，同时让人生充满芳香情趣。如此人生淑气长乐的思想全部寄托于满庭的瑞草花卉。吟花必锦，富贵招富，人们习惯于以这样的譬喻，将花卉与富贵人生巧妙地联系在一起。其他如"桃花似锦春江满""一谷野花舒锦绣""满溪流水尽琉璃"，也都是有名的佳句。

满庭春色红锦丽，中国人以这样的心情，始终将庭园摄入联想，以花之浓婉对春酣，成就花之理想和真挚。笔者尤喜牡丹和芍药一类浓婉华丽的花朵，在诗歌绘画里多取其意象，认为它们是最符合其民族性的花朵，誉为国花。而且不仅喜欢花之浓婉，如芝兰的芳香馥郁也极为重视，将其作为重要花卉，努力培育，它们也是中国人日常最喜爱的一种品质。以下皆为名句：

万紫千红富贵春

流转莺声满眼春

芝兰自启山川秀

芝兰香霭玉堂春

　　如前"若问梅消息，须待鹤归来"之例，对联的妙处全在于对庭园特点的画龙点睛。中国的庭园里常设牡丹花坛、芝兰花圃，栽佛手柑，种柚子树，相关花卉植物果实皆与中国庭园的对联、匾额有着同等价值，也是形成中国庭园的要素。因此在中国但凡是了解庭园趣味的名流，便不会不知这些相关对联，以及对牡丹芝兰的嗜好，这都是古来中国庭园趣味的精髓所在。

　　而另一方面，中国庭园还同时需有清婉枯淡的趣味，既要浓婉华丽，又不可太过，如枯淡的太湖石，竹林绿荫一片，要有淡泊如隐士风的背景风貌相配合，才有足够的风雅之感。

　　这也是因为在具体造园中，竹石古木聚集一堂，却不是简单的堆积，须错落有致，该简则简，总之追求一个雅致静怡的气氛。可以西湖附近景色为例，就看从飞来峰到天竺、棋盘山、龙井山一带的景色，竹林奇石的风致配置得恰到好处，细致入微，又具一定规模，实在令人感叹。通往天竺山之路全被山林遮蔽，其背景的棋盘山山巅一带布满钟乳石，多孔质的奇岩怪石显现一副狂态，景色为之一变，富于奇趣。

　　最好的是，其间景致并非人工制作，全部是自然的风景，活灵活现地构成西湖的另一番天地。西湖假设作为一个巨大庭园来考虑，其竹石的存在基本限于西部，以山为背景而成。游客间或在石上、竹荫小憩，右边是钱塘江，左边是西湖，眼下展开一幅无限美妙的画卷，那是何等惬意。

将湖畔的竹石搬到自家庭院，当为凡人的自然心情。如欲全局观赏西湖景色的缩影，首先必去孤山，从西泠印社到文澜阁、浙江图书馆孤山馆舍、公园、梅林一带的设计开始品味赏鉴，细想那可实在太美妙了。那一带的竹石、花卉、芝兰，争奇斗艳，搭配别有风趣，若实地观赏，更是一目了然。

第二节　扁舟与鱼鸟

去北京颐和园游历的雅客一定会注意到昆明湖畔的石舫。这是一座全部由大理石结构组成的两层豪华石舫，作为皇家庭园的内容之一，应是与周围的金殿楼阁遥相呼应，为配合其豪华气氛而设置的。但对一般的庭园来说，有一二扁舟游弋湖上便已足矣，又何须造此大船呢？如果是为了风流，则更显得莫名其妙。莫如薄草尖尖，孤舟一只，泊于桥畔杨柳之下，倒可为景趣更添一层韵致。那池塘里，若是北方，便养黑鱼；若是南方，便养鲤鱼，最好是五彩的鲤鱼，任其游于池中，以助游士之兴。西湖青莲寺的玉泉池里群鲤跳跃的情趣，也应是尽人皆知之事。北京西直门外植物园内莲池有黑鱼，在此地垂钓的情趣至今还令人怀念。其他比如还可在池畔梅林养鹤，倒不是故意模仿林和靖，而是在庭园里饲养几只丹顶鹤，于树间听婉转鸟鸣，更可为庭园添一层佳趣。

如此这般的搭配组合是中国造园时必需的匠心，尽可能让庭园多一些山水自然风景的韵致，将庭园在一定的空间里安排得丰富多彩，这不啻中国造园艺术的生命所在。像西方庭园所常见的特意设置运动场所、散步道或者网球场等手法，在中国庭园一般见不到。在湖中修堤也好，园中建池也罢，完全是为了一种风致。石舫泛于池边，自然也只为再增一份韵致，毫无实用目的。

　　作为一般庭园的形式，中国是以西湖作为范本的。事实上，若都有西湖那么大的场所，将天然趣味纳入其中是没有问题的。但未必哪里都如西湖那样宽阔，若场地极为狭窄，结果就很难如愿，勉强下来就不免显得拥挤不堪。本来是以自然为出发点的中国庭园，以如今中国城内的拥挤状况，想完全以自然本位进行庭园设计，已无可能。即使是北京，颐和园也是在郊外才有宽阔的余地，允许放开设计。连西湖在内，本来也是在临安古都（今杭州）的城外，正因如此才可将古木、竹石、芝兰、牡丹、鱼鸟、扁舟、古塔、庙宇、飞亭等各式各样的内容全部纳入其中。大凡中国城内的庭园，都拥挤不堪，受空间压迫，有如盆景一样，无论制作得多么雄伟大气，受其场地局限，终究不具大自然自由阔达的气宇，这一点却是不争的事实。

第十五章　名园观赏

第一节　名园观赏之趣味

中国名园，天下第一者，无疑应属北京颐和园和北海，但作为名园的根本，已反复强调，无一不以西湖为范本，在观赏无数中国名园且从日本名园研究的意义上来说，西湖的应用意义最为广泛，所以还需再说一下西湖。对西湖的观赏，宏观鸟瞰可有两个瞭望地点。

第一是从葛岭、初阳台及日本领事馆[1]的方角瞭望。

第二是从吴山，即金废帝完颜亮吟诵诗句"立马吴山第一峰"的吴山瞭望。

不过一般来说，从杭州涌金门外、二贤堂、湖滨路乃至柳浪闻莺的水陆衔接处向西眺望，最为普通自然。再者或乘画舫，或弄扁舟，泛于湖上，遥望远处的葛岭、栖霞岭、飞来峰、棋盘山，并以

---

[1]　日本领事馆旧址位于望湖楼后侧石函路，现为浙江省旅游局。

上／西湖中的挖淤泥船　　下／山坳里的天竺寺　甘博摄
1917—1919 年

　　　　　　　　　　　　　　　　　　　　　　　　　中国的风景与庭园

上／货船、凤山水门　下／从葛岭远眺杭州城　甘博摄
1917—1919年

保俶塔　甘博摄　1917—1919年

　　　　　　　　　　　　　　　中国的风景与庭园

上 / 刘庄　下 / 木材市场和运河　甘博摄　1917—1919 年

上／清波门　下／京杭大运河上的拱宸桥　甘博摄　1917—1919年

　　　　　　　　　　　　　　　　　　　　　　中国的风景与庭园

岸边看六和塔　甘博摄　1917—1919 年

第十五章　名园观赏

此连山为背景，远望白堤、孤山、苏堤、湖心亭、三潭印月，以此为顺序之大观亦不错。笔者以为，无论冬之雪景，春之新绿，夏之湖热（指湖水变热），秋之落雁，平湖秋月，一年四季，西湖都各有其趣，亦各具其美。整面西湖经常都被一片薄薄的雾霭笼罩，气氛温婉柔润，充满文学气息。虽然最近修了汽车路，若想再进一步观赏的话，还可上白堤，从断桥残雪、平湖秋月、文澜阁、楼外楼的角度看西泠桥；至于岳王庙地区，若非徒步前往，实地察看，还是无法领略其真味。此外在孤山预订好船，划船从苏堤、金沙堤再绕到岳湖、湖心亭、阮公墩、三潭印月，一直到雷峰塔旧址一带，一路四处观景，更可明白西湖的妙处。其间湖心亭不看亦无妨，但三潭印月一定要下船观看；静静穿过莲池石桥，可看到九曲一隅的亭亭亭，仰望被莴灌木丛完全遮蔽的假山石，看放生后的蛇在三座石塔间的水中穿游也让人兴趣盎然。如果游览时间足够的话，可以把西湖十景一一看过，然后再由孤山向远处的寺庙方向转移。

游览西湖的主要交通工具虽然是船和滑竿，但一定不要忘记看以下几处景致：

（1）白堤、苏堤；

（2）孤山公园、图书馆、西泠印社、放鹤亭；

（3）三潭印月；

（4）寺庙——岳王庙、青莲寺、灵隐寺、三天竺、烟霞洞、虎跑寺、六和塔。

以上这些名胜如果不看，几乎等于没来过杭州西湖。但近来因为杭州市区与灵隐寺间以及杭州与富阳间已有道路可通汽车，虽然交通更为便利，但既然是游玩，过于便利反倒成为走马观花，多少会有些扫兴。另外还须提醒大家，此前就有朋辈在孤山近处开了汽车上白堤，结果落到水里的情况，处理起来颇为麻烦。所以乘汽车游玩，貌似便利且高一档次，结果却未必随心。西湖是天下第一名园，各处保存的都很好，希望各位游客能够珍惜机会，各自仔细观赏，参照上述要领为宜。

第二节　名园的保护法

西湖畔，年年岁岁洋楼拔地而起，旧的景观不断遭到破坏，而且政府对白堤、断桥进行数度改造，修了汽车道，现在已经可以通车。与时俱进的结果就是，令人怀念的古老风貌渐渐消失。这也是出于市政改造的需要，不进行改进，杭州经济上将无法自立。

进行现代化的改造方法总体貌似还算不错，结果是让路上变得车水马龙，往来不断，如此而已。目前最当紧的事情是考虑如何应对大量来自上海的一日游旅客，于是就不免形成以上的交通紧张状态。可与此同时，各处的禅寺却门可罗雀，几乎没有客人访问，清冷寂寞，几乎要变成狐狸庵。

无论哪个国家，都存在名园的保护与可持续经营管理的平衡问题，这是个十分困难的问题。特别是中国的庭园，在最初设计和开创时，都是花了巨大的代价的，但一旦说到修缮时便无人愿意出力，结果只好任其自然荒废，成为盗贼的天堂。如此一来，名园的保护自然成为空谈，不会成功。不只名园，包括一些佛教美术的名胜古迹，如山西省内始建于北齐时代的石窟天龙寺，尽管是非常偏僻的山区秘境，石窟内的重要佛像还是一个个被盗走了。笔者曾在民国十四年（1925）秋十月时去看过一次，彼时大部分的佛像头部都已被盗走。不久后大同云冈佛寺也遭同样灾难，佛像头部开始被盗。日本国内各地都有地方组织的古物或天然物的保护协会，不会发生类似问题，但在中国，也只好听之任之，别无他法。警察不仅没有力量，更有甚者，与各个地方的盗贼里应外合，帮助盗运的也不在少数，甚至还有寺庙的和尚出手援助盗贼的传言，实在令人无法想象。

笔者曾经参观过孔子庙和喇嘛庙，守卫或向导常常会随意毁坏建筑物，甚至将瓦片和鸱尾瓦一块块卖给观光客，完全无所谓的样子。还有八达岭附近的车船店脚牙把长城的青砖一块块拆下卖给观光客的，这也不是稀奇事。本来就已经受了自然力量破坏的名胜古迹加上人力破坏，只能让荒废加速。中国的名园未必都是人为有意加以破坏而荒废的，但名流之后不可持续却是肯定的。初代尽管付出巨大的力量，创建基业，一旦完工，几乎只能任其自然荒废，这似乎已是它的命运。子孙不会去修缮，地方官府也不会去保管，偶尔对外开放，也只会收钱，能够做些修缮的善人，天下少见。大多的情况只好如此，任其自然荒废下去，都是实情实状。

中国人从来爱讲大局观，不仅庭园如此，虽然"国破"但仍有"山河在"，大凡世事一切皆可以此模式类推。当初新造之时都格外讲究，但仔细保护下来的文物少之又少，以今日中国国情来看，对名胜古迹保护的阙如倒也情有可原。即便有对庭园进行保护和管理的意识，也是心有余而力不足。听说偶尔尚有学者提出对名园的保护建议，但也不过是泛泛之谈。看着名园逐渐消失，为学界名誉着想，当务之急是尽快进行挽救；与其空谈，倒不如抓紧时间尽快对东方建筑艺术的精华进行研究，并为此展开各种学术考查。田野调

　　　　　　　　　　　　　　　　中国的风景与庭园

查目前还来得及，在足够的调查勘察之下，积累重建的经验是最重要的。耽搁一日，名园的形制毁坏就多一分，渐渐完全消失，最终连研究对象也失去，那才是最可惜的。

因此，无论地点在何处，中国的庭园及其风景的研究者，从现在就开始对中国南北各地进行实地考察，对自然与庭园的关系进行研究，从庭园的构图、样式、源流到局部的特色、材料、联句、匾额、建筑物，乃至以庭园为背景的景趣等，进行综合考察，阐明其精髓，笔者对此类行动计划已切望久矣！如果有怀此类兴趣者，只要机缘合适，笔者也愿意一起行动，随时奔赴中国，南船北马，提供可能的协助。

龙门西山中央大佛附近远景　常盘大定、关野贞摄　1918—1924年

　　　　　　　　　　　　　　　　　　　　　中国的风景与庭园

龙门第二十一窟（古阳洞）北壁上部仇池杨大眼造像
常盘大定、关野贞摄　1918—1924年

长城　甘博摄　1924—1927 年

　　　　　　　　　　　　　　中国的风景与庭园

孔庙大殿一角及古树　甘博摄　1917—1919年

第十六章　名园的良好印象

第一节　月亮门

中国庭园给人的好印象与日本庭园的在趣味上有显著的不同。因此一旦进了中国庭园，看见什么都觉得新鲜，让人有一种快感。首先看平面图，从山、池塘、桥、假山、亭的配置上尤其让人感兴趣。其中有些景致常常会给人以别出心裁的印象。举例来说，在庭园内部，区间一定会有院墙隔断，正房与庭园之间也会有墙壁隔断；有意思的是墙壁的出入口，那出入口不是一般的长方形，而是桃形或正圆形，通称月亮门，看上去确实有一种风雅之感。

中国庭园的另一个特色是庭园内的墙壁出入口一般不设门扉。总之不设门扉是很普遍的规则，似乎是为方便出入。但也不仅如此，从月亮门看过去，犹如一个画框，对面的景色宛如被装进这立体画框里，起到反衬和加强印象的作用。从这圆孔望去的景色，显然是从一开始便充分预测到其艺术效果而设计的。月亮门的上方往往还会设置一个匾额，用漂亮的楷书写上几个恰当的文字，更显得

月亮门和竹子　甘博摄　1917—1919年

风雅不凡。设计者一般还会在月亮门的两侧墙壁上，一左一右相对仗地写几个恰当的文字，加以点缀。比如如下对句：

东壁　西园

类似的情况，在北京一带经常可以看到。一般来说，都是取比较长点的对联的头一两个字。如：

东壁图书府　西园翰墨林

即是以长句略写的结果。按说出入口处若有门扉的话，可以在两侧贴上相称的对联自然最好，可有了门扉后反倒碍事，索性去掉门扉更为便利。再说那出入口一般来说都是方形的，做成圆形后，脚下有门槛，左右没有柱子，直接就是砖垒的墙壁，边缘处会有涂色，往往是以墨色为主，涂成一个大圆形，突出月亮门的形状。虽多少有些沉重感，可看上去会让人自然联想起中国的古典文化，有古雅之感。月亮门上方的篆体匾额文字也会处理得与周围景色十分协调。篆体匾额文字与新年的春联是一样的意思，自不待言。匾额文字中，常看到有如下妙词佳句：

花港　柳桥　日永　春酣　云水　雨脚
绝顶　层凹　雁翦　莺簧　杏坞　柳壕
松友　竹朋　绿浅　红酣　梅雪　柳烟
吉祥草　富贵花　丰乐岁　太平春　登仁寿　颂太平
杨柳节　海棠春　榆荚雨　杏花尘　沿堤柳　绕屋形

　　　　　　　　　　　　　　中国的风景与庭园

在走进这月亮门之前，我们就已被这佳句所吸引，唤起对庭园雅趣的憧憬。从某种意义上说，它犹似中国料理在上五味八珍[1]正餐之前的菜汤，先唤起客人的食欲，具有很重要的心理暗示作用，因此月亮门上选定什么文字，对庭园来说也具有极为重要的意义。

除月亮门外，还可看到有做成巨大的桃形的孔门，颇具中国气氛。不过我们感觉印象最深刻实际也是最多的仍然是这正圆的月亮门。月亮门的直径是 3 米到 3.5 米左右。与普通墙壁上开出的圆窗不一样，是可供雅客进出的足够大的门。此外沿着它的边缘还需要涂差不多 30 厘米宽的黑色门框，一般只要看到这种门，懂得的人马上便知道这是雅人的庭园，也大概明白主人是雅趣之人，并因而会有一种亲切感。月亮门的墙壁部分，犹如人的心情一样，会高出少许，从圆弧形的边缘渐渐隆起，形成一个八字形，瓦片也随着隆起的墙壁铺设，整体线条自然隆起，从远处望去的话，那庭园也显得十分优雅端庄。

故而，月亮门之于中国庭园与园内用碎石铺作各种形状的小径之雅趣一样，都在细小之处不经意地向游客透露着中国庭园造园趣味的优雅。当然带有月亮门的墙壁，并不是在哪里都可随意开辟的，妙就妙在它一定会在应该出现的地方出现。往往会在景色发生变化的前园与后园的中间地带设置这样一个隔断。比如出前园到后面的竹林处，或者从牡丹或芍药花圃通往隔壁的花坛之处，都会设有这种月亮门。再或者于寺庙的正面广场转向隔壁的庭园时，也会有这样的设计。虽然形式多种多样，但总体而言，月亮门的设置都

---

[1]　"五味"一般是指酸、甜、苦、辣、咸；"八珍"典出《周礼·天官》，据说是指八种真味：牛、羊、麋、鹿、麇、豕、狗、狼。又说为龙肝、凤髓、豹胎、鲤尾、鸮炙、猩唇、熊掌、酥酪蝉。其他异说甚多，意指豪华的菜肴、膳食。

作为一种便利和变化的缓冲为庭园添置更多的风致。在那背景之下若有当地淑女着中式旗袍出现，左手持一把团扇，轻移漫步，或在莲池亭中静静小憩，那光景定格下来，实在有如一幅画卷展开，有难以言说的美妙。月亮门的存在与文人墨客的庭园竟如此和谐相适，以至成为园中不可或缺的一部分。

此外，这月亮门并不只存在于一般墙壁间，有时还会看到以藤竹制作的月亮门。透过那藤竹的月亮门，可以遥望对面的假山石景，又别有一番风趣。夏天可见门上茑草，整体绿色的墙壁上出现一个纯绿的月亮门，楚楚动人，更有风雅之感。在日本的话，若有喇叭花缠绕其上，又是何等轻松惬意。日本的庭园也会在后园种植竹林和芭蕉，若能采用中式创意，开辟一个月亮门，以此作背景的景框，庭园整体也会添加更多风致。当然需将重点置于庭园整体的协调气氛之下，具体实施时不加以充分规划还是不能轻易下手的。在此只是希望在将来机会成熟时，能对日本庭园辅以少许中国趣味，略表寸心而已。

附：镂空墙壁的创意种种

中国庭园的另一个让日本人看来兴趣盎然的特点是，它的墙壁上部往往设有重叠的瓦片，具有透视功能，因此又给庭园添了一层风致。

日本的庭园墙壁一般不会对此有特别的设计，从上到下涂为纯一色是很普遍的，而中国庭园的墙壁在起着分割空间作用的同时，还特别注意墙头形状，尽可能为景观多添一点风采。这与中国庭园内的小径上特意用碎石铺设成各种形状是同样的意趣，也是中国庭园美对其趣味的某种暗示手段。可以透视的墙壁的模样原则上利用了墙顶的弯曲状态。中国建筑中使用的瓦片基本是正圆形的四分之一，呈缓缓的曲形弧线，厚度与日本的瓦片相比非常薄，几乎与日本的八桥名果[1]或日本煎饼一个样，颜色却是黑的。中国墙壁大抵是用两重砖排列垒起，都有相当的厚度，看去显得十分厚重，一般用于住宅与庭园，以及散步小径与庭园的空间分割。这墙壁其实还不止起间隔作用，加上这墙头上的透视创意之后，更为庭园增添了许多味道。在考虑庭园整体的美观和风雅意义上，这种创意实在值得称道。当然它对名园的加分究竟能起多大作用，尚需专家的分析。

使用瓦片制作的墙壁会呈现各种图案，有的像笔筒上镂空的图案一样；有的又用镂空的花形纹样连接起来，美妙动人。其创意各种各样，实在引人入胜。创意的水平深度与对庭园的品位评定似乎也有一定关系，笔者在观察时也对此产生了极大的兴趣。

具体说起这些设计，自然非常之多，如果只是单纯利用瓦片的弧度来排列的话，只可以显示出一个波状来。这样显然是极为平常的，但大部分也就是这样，即用两块瓦片重叠起来，次第向后排列。按墙壁的厚度，因瓦片显示的中空特点，自然会显出透空部分。但墙壁很厚，用瓦片构成的图案部分很单薄，容易破碎，所以必须与墙壁一样，让瓦片多层重叠，尽量使其与墙壁一样结实。

---

[1] 八桥名果是日本京都其代表性的点心，形状似瓦片。据统计，到京都观光购买纪念品时，96%的人会购买点心，而其中八桥名果则占 45.6%，可见是多么有名。

但也有像下图这样的，瓦与瓦相抱组合排列为十字形，在瓦与瓦的衔接处用石灰固定，以使其不易移动破损。不过与其在连接处黏结得过分紧密，显得逼仄，倒不如做得粗笨一些，更有雅味，也有趣味。

这里举的也不过一例，实际的图案可以随意变化，多种多样。东壁西园，各不相同。而且有时不用瓦，只用砖石按一定图案排列垒起，做成镂空模样，更富于雅趣妙味，总之全在一点匠心。但相比之下，与其使用砖石，还是使用本身就带弧度的瓦片显然更具优雅之感，因其与庭园整体的创意品味关系极大，对此一定要格外用心，多加考虑为是。

中国庭园的墙壁与其说是墙壁，毋宁说更像阳台的围栏，做得很低，正房都安置在高高的石阶上，而围栏则一层层围住住宅。而且那围栏有的从最下面就开始直接使用瓦片，低矮的墙壁则被构置成完全中空的模样，这样的墙壁也不少见。中国庭园的边界就是在利用各种各样充满雅趣的墙壁的点缀下出现的，让人越看越觉得趣味盎然。关于中国庭园的这一细节印象，始终让人难以忘怀。

第二节　老树杨柳的景趣

中国是个古老国家，怎么说也有3000年以上的历史，到处可见苍松古木，作为一个古国的天然象征物，这无疑是必要也是珍贵的。遗憾的是，中国还没有天然物遗迹保护会之类的组织，也没有相应的制度，即便有人抱有这样的想法，实际从国家角度来说，也很难实现。

如今的大寺院里，北京的紫禁城内，天坛一带，此类老树不是没有，但常常遭到随意砍伐，各地山林也如此，渐渐都变成了光秃秃的山岭，并成为一种常态。庐山一带，如此名山，自古以来为无数文人墨客所称颂，但说到老树，也就是黄龙寺内还有娑罗双树。另外，山东泰山也是一座古老的名山，但山上很少有松柏，也几乎见不到老树。

如上所述，中国整体上对老树保护措施的阙如足以令人担忧，亟须引起关切。如今还存在的古树名木正在次第减少。四川省地方上有类似黄葛树的大树，树形奇特，古色苍苍，虽粗到人手不可合抱，但在当地被看作毫无用处的大树，并不为人们所重视，能被保护下来的老树也极为稀少。

如今在中国最多的古树名木应算杨柳树。庭园的风致，山水的景致，都靠杨柳提携。江南扬州一带，生长一种叫曲柳的柳树，树身茂密，呈螺旋形向上盘桓，十分雅致有趣。不过无论在北方南方，杨树都更为普通，此树挺拔直立向上生长，是其特色。日本杨柳训读都称为ヤナギ（yanagi），可见本来不是日本原产，应该都是来自中国，其音应该也是由ヤンギ（yangi）的中文音转化为ヤナギ（yanagi）的，原产地为中国应不会错[1]。总之杨柳在中国确实很多，所以在古代的诗文和各种民歌中也常有杨柳的传诵出现。杨柳树在中国无论公园、庭园等，几乎到处可见。在山西太原一带的公园里，城外沿河一带，有如野生树木，实在很多。即在长江下游到华中一带也可见到有大量杨柳，从长江口的崇明岛眺望吴淞口方向，江岸一带都是杨柳树林。从长江口一直溯江而上约1610千米到宜昌，要说沿岸景色，基本被杨柳树林所遮蔽。长江边上若没有杨柳树的话，只想象一下便知该有多么煞风景。对长江的景色来说，杨柳树已是不可或缺的要素。其他如湖南、湖北、江西、安徽、江苏、浙江各地，若说其全部景致都由这杨柳树在支撑着似也不过分。

从山东到直隶（今河北），在各个地方杨柳也同样万能。风景十分一般的即墨地区之即墨河，河边一片绿荫，全都是杨柳树，杨柳繁茂到何种程度可见一斑。从直隶塘沽沿白河逆水去天津，沿河的绿荫也几乎都是杨柳树林，再乘火车经天津到北京，一路上火车道两旁仍然都是杨柳树林。

这样说来可知，杨柳几乎遍布中国各地。国都北京又如何呢？这几乎不用说，无论南河沿、北河沿，还是去城外白云观的路上的

---

[1] 日语中无论杨柳，其训读发音都为yanagi，作者在文中也提到杨柳树的原产地在中国，并指出日语训读发音应源于汉字"杨"。而中国古人在文学上基本也是杨柳不分的，如《诗经·小雅·采薇》篇中便有这样的名句："昔我往矣，杨柳依依。今我来思，雨雪霏霏。"此文作者受中国古文影响，初始写作"杨柳"，后面则只称"杨树"。为避免歧义，本节中"杨"皆按"杨柳"处理。

河北保定莲池书院　常盘大定、关野贞摄　1918—1924年

二闸[1]自然公园一带，沿河边也都是杨柳树。闲时上哈达门（今崇文门）城楼，或上钟楼、鼓楼眺望全城景观，总之毫无疑问到处都是杨柳的绿荫。北海湖滨耸立的漪澜堂的后方一带可见一片林荫路，这林荫路旁也全是杨柳树，而且都是树龄在数百年以上的老树，好似有神灵附体一般，树干之雄壮不禁让人想起在巴蜀仰望大山时的那种心境。

长江一带，来自山东以及山西的杨柳树也都树干挺直，枝叶茂盛，皆有大树的风貌。虽树龄都不甚高，但到底是杨柳，那树枝大小错落繁茂之状，看去皆有风致，尤其沿长江顺水而行，看着江面上杨柳的倒影，确有一番柔情雅态。可若说到北京北海的杨柳老木，竟又完全是神灵附体，乃至犹如神灵的化身，不怒而威，树龄自身的斑驳陆离带了无限的沧桑古趣，让人肃然起敬。北海的杨柳倒影中，竟似凝缩了千年的历史和无数的故事，不禁让我想起在杭州看到的雷峰古塔的倒影，几乎是完全相同的感觉。遗憾的是此塔于民国十三年（1924）9月25日孙传芳入杭当日就已倒塌了。雷峰塔建于宋代，经历了千年的岁月沧桑，何时看它都有一种古色苍然之感。

北海的庭园美自不待言，值得称道的景点数不胜数，其中印象最为深刻者如下：

（1）北海白塔的夕照；

（2）漪澜堂茶亭；

（3）五龙亭听船老大唱船歌；

（4）湖上彩船；

---

[1]　如今北京人春游，大多要去西郊颐和园、香山等地。而在20世纪20年代以前，位于西郊的"三山五园"还属于皇家园林，没有对游人开放。所以市民大多是沿通惠河乘船向东到二闸一带踏青，欣赏春光。二闸本名庆丰闸，由于它是通惠河上的五个闸口中的第二个，故俗称二闸。

（5）杨柳落雁；

（6）杨柳老木的古趣。

这是几个必看的重要之处，个人感觉其中最引人入胜的还是湖畔的杨柳老木，极具古趣，有种神圣感。你看它虽有合抱不来的树身，要倒似倒却绝不倒的形状，披着绿衣歪扭倾斜的身姿，真是千姿百态，有时呈现一副无法形容的狂态，让人百看不厌。天下名园的北海此树此景甚多，常想恐怕只要是有心之人，沿湖漫步，不会不注意到这杨柳老木的一姿一态，尤其若是有才能的画家，这可是挥舞画笔畅抒幽情的好地方；而写真家恐怕也会在这杨柳之下寻找佳境，流连忘返，兴致盎然。

过去笔者常以为，古来中国文人墨客笔下的古木竹石，大部分不过是出自文人的异想天开，随意而为的墨戏而已，与真实情景相差甚远。可笔者真正在中国进行一番实地考察之后才发现，古人的画作未必都出于想象揣摩，大部分都是实地写生的结果。笔者曾经到杭州西湖的后山棋盘山上游历，那山上有多孔的文石，形状怪异，数量极多，一直延续到山顶，石间有小竹丛生，从山下望去，活脱脱一幅水墨画卷横在眼前，好不令人感慨。再看这北海的杨柳老木，与自己曾经见过的古来中国文人画中的古木躯干之大之雅竟酷肖，不得不承认中国古人画作绝非臆测，而是确有来源，心中感怀不禁愈加深刻。笔者到北海观赏不止一次，每次都能获得一些新的感觉，戊辰年（1928）春，再游北海之际，尤其对北海的杨柳老木又多了一层印象。在此仅记叙自己的一点偶感，作为游历名园的一介游士的桑年[1]纪念。

---

[1]　日本桑年意指48岁。"桑"又可写为"桒"，有4个"十"字和1个"八"字，指48。

第十七章　名园四题

第一节　被新时代色彩装点起来的北海

中国的庭园无疑各有其特点，因形势所迫，尤其以最早的开埠地最为明显，完全维持纯中式的庭园客观上已不允许。另一方面，如上海外滩公园、极司非尔公园（今中山公园）和法国公园，因系外国人经营，虽然设在中国的土地上，却谢绝中国人入内，挂着"中国人禁止入内"牌子的亦不在少数。

比如上海昆山路旁有个儿童公园，就规定除非照看儿童的中国人保姆之外，其余中国人都不得入内。随着时代变化，此类公园应该考虑对此歧视状态加以改善，另一方面，中国人对这种歧视的反对运动自然也会逐渐高涨，笔者相信这种歧视性规定迟早会完全取消。

北京北海公园本来是紫禁城内的皇家御花园，从前是不准一般客人进入观赏的，后来由外国公使馆方面做了交涉，才渐渐对外开放。如今只要一次性付清入场费，便可持有长期门票，不必每次买票，手续简便轻松。时势如此发展，持长期票的雅客已不止穿着纯粹中式服装的当地人，也有很多装束摩登的市井时髦人士，而且不止西方人、日本人，许多剪了短发的中国摩登女郎也穿了色彩鲜艳的裙子前来游园。

年轻人自然是为了玩乐的居多，公园方面为了吸引素质更高的游客来园观赏，近来在园内左侧高墙上贴了许多宣传海报。问题是那海报上画的许多创意图案、宣传字句虽然匠心独运，没有少花力气，实际上却有许多滑稽不堪之处，而且那海报的周围还缀满小红灯，白昼堂堂也闪闪烁烁，随风摇摆，不伦不类，引人注目。

北海湖水连接中南海，但毕竟是北京宫城内的北海，纯中式风格才是本来面目，真不希望将北海搞得太过庸俗化，这是笔者的心里话。可形势比人强，看趋势北海也将逐渐受洋人的高档娱乐风俗的浸淫，目下漪澜堂内部的餐厅还是中餐，未被西餐侵占，基本还是旧来的式样；何时也变为西餐厅，客人们挥起刀叉来，那就太煞风景了。笔者心里不禁为此担忧而每日祈祷，可这不由人，随时都有改变的可能。

新时代的趋势滔滔而来，现在每到冬季，北海湖上因为结冰，已经划出一片区域，开辟了溜冰场。这溜冰场的生意颇为繁盛，无论中国人、西方人、日本人，大家都争着抢着成为冰场会员，在冰上勇敢且愉快地滑行着。有初学者扶着椅子，小心翼翼地学习溜冰；也有老人们手拉手协同作战。

其中有位佼佼者，穿黑服，戴白帽，飒爽英姿，技术娴熟，颇为引人注目。据说是来自天津的勇者，是场内的冰上冠军，无人可比。整个来说滑冰技术娴熟者的特点是双脚尽量向外伸展，而且幅度较大，积极滑行，速度自然也快；而初学者，大抵都是因为胆小，双脚伸不开，滑行姿态也很胆怯，样子畏缩，颇为可怜。不过学上两三天，只要掌握诀窍，很快也就会熟练起来。溜冰场是个自我表现的舞台，人们都想在此露一手，尤其西方人从小练习，一般来说都滑得很不错，看上去很得意的样子，令人艳羡。于是中国人里也有很多年轻人扮成西方人的模样，在场上拼命练习。总之，近来北京人到北海溜冰成了一大流行趋势。

西交民巷广场的日本溜冰场也几乎每天都是满员，盛况空前。与时俱进的结果是，北京北海一带几乎成了冬天的游乐热点，冬季北海一旦结冰，溜冰场很快就会趁机开放。说起冬季的观光，消息不灵通的人士还以为人们会到哪里去泡温泉，实际情况是大家都奔向北海，目的只是为了去溜冰，与想象完全相反，这一点要注意。如此一来，北海公园的溜冰场已然成了北京冬天的一大娱乐场所。而且其中有游客未必是去溜冰，而是专以看中国美女、西方美女溜冰为其目的，北京北海公园竟越来越成为绅士淑女的高尚社交场所了。

新时代的中国庭园或公园，就这样一年一年地与日俱进，不知究竟是进化，还是退化，总之样子越来越不一样了。清朝时代的北海，平民是绝对禁止入内的，民国之后才向一般民众开放，从公园的建造目的来说，应该说开放意义非凡，实属可贺之事。前清遗老坚持旧式思维，不顾公园建造的本来目的，固执己见显然是错误的。

本来北海公园与中央公园、城南公园不一样，并不向一般平民开放，如前所述，理由是因为北海为紫禁城内的皇家御园，此话不再重复。但若因此就不做任何准备立刻向一般公众开放，售票观赏，完全将其等同于一般公园，从对名园的保护角度考虑，稍有欠妥之处。虽然如此，冬天的溜冰场，只在结冰期间使用，冰层厚度可达1米，此时若闲置不用，确也有些可惜。而且只利用冰面，地面设备有限，即便不是公园，也可按公园标准予以许可，可算一大进步，这其实比日本进步了许多。

若按旧时的老观念，冬天自不待言，就连春秋季的艳阳天，也是主张尽量不要过分运动的，这是绅士淑女的必要教养。最近的北京、上海，有许多连日本都看不到的身着奇装异服的年轻人突然涌现。偶尔看到马路上正赴婚礼的新郎新娘，那奇异的发型，连哪个是新娘，哪个是新郎都让人难以分辨。新时代就是新时代，确实前进了一大步。这样突飞猛进的时代的各种现象，也给公园的设计、公园内部的风俗带来巨大的变化，中国的庭园、公园内，很快也将有新时代空气进入。在研究中国公园的同时，如何面对和接纳这些新思想、新风俗，作为一个新课题，也应该予以观察和考虑为是。

第二节 冬天的中央公园（现中山公园）

从前常路过北京东单牌楼大街的人会记得，那街上有一座德国人凯特勒的石头牌楼。那座牌楼后来在第一次世界大战爆发时，受国际局势影响被移到了中央公园的入口正面。可如果说设在东单牌楼有何不方便的话，移到中央公园按说也应该不方便。奇怪的是，不知内幕有何猫腻，还是中国人做事有胆有识，居然移动成功。石头牌楼若被破坏确实也可惜，无论那碧蓝的屋顶，还是白色的石材，都非常美丽。牌楼坐落在中央公园的入口正面，成为与之很相称的装饰。门前安置了新的白色石牌楼，中央公园也显得更为壮观。笔者常常到中央公园散步，路过那石头牌楼，也不免眺望几眼，确实给公园里添了一点北京独有的情调。北京的公园若按照上中下来做分类，与城南公园和天桥游乐场相比之下，中央公园无论是以其高端客人之多，还是以其优雅程度，确实都超过前两者，称之为上乘，应为公认。

去北京长安大街的中央公园时，入口处总能看到几台汽车停在那里，一年四季都可作为散步的好场所。此外时不时会有文人雅客举行聚会活动，笔者也会参加。笔者就常与朋友一起在公园内的水榭处参加古砚会的鉴赏活动。公园本身很大，有古柏参天的林荫，有古玩店，有中国料理店，还有古池、花坛、假山之类。如今每日来园游客络绎不绝，已是常态。不过这是春秋时节的情况，到了严寒的冬季，游客便开始显著减少，散步的行人连个影子都难看到。就那个时候，承蒙挚友四川人杨啸谷[1]君的安排，在中央公园的水榭处举行了雅会，参加的都是当时中国朝野著名的文人，当然也有日本爱好者参加。一边品茗，一边鉴赏许多稀世珍品，畅谈文房古砚，还品尝了好吃的点心，实在是不可多得的赏玩中国意趣的好机会，现在还十分想念。前年曾有金绍城[2]、林万里[3]先生参加，可

---

[1]　杨啸谷（1885—1969），号竹扉，四川大邑人。清末毕业于四川武备学堂，曾受聘于华西协和大学（今四川大学华西医学中心），承担考古学和中国美术史教学工作，新中国成立初在四川省博物院任研究员，后任四川省文史馆研究员。是有名的书画家、文物鉴赏家。
[2]　金绍城（1878—1926），号北楼，吴兴南浔（今浙江湖州）人。他承父业经营蚕丝，在上海设金嘉记丝行，发家后又开当铺，经营房地产，当地人称"小金山"，是南浔"八牛之一"。1912年8月至1913年2月任北京大学商科学长。
[3]　林万里（1874—1926），原名林白水，又名万里，字少泉，号宣樊，福建人。近代著名记者、报人。1926年8月6日，因在社论中屡次抨击军阀张宗昌，被张逮捕杀害。1985年，他被民政部追认为烈士。

惜现在都已去世。后来代他们参加的是辜鸿铭[1]、袁励准[2]、叶恭绰[3]先生等中国各方面的当世贤人。人在水榭，雅会清谈的快意，至今感怀至深。先农坛后面有陶然亭，那地方也比较适合这种雅聚，但无论场所还是地理位置中央公园都比较便利。水榭的雅聚并非任何人可随意参加，每次的客人都经过严选，有人介绍，再经确认方可得到邀请。

如上所述，中央公园确实有些贵族气，每次都有各行各业的雅客前来聚会，在闲适的气氛中一起赏景论石，品鉴古砚，从这点来说，确是个十分相称的场所。鉴于此，受中央公园董事会的邀请，笔者也曾以名誉职务略尽绵薄之力。与其他公园相比，此公园组织严谨，秩序井然，确属上乘。不过到了冬季，中央公园的水榭虽偶尔有雅会，后方的池水结冰，还可溜冰，但也不过如此罢了。古玩店少有顾客，即便是老店到冬季也甚少开门，料理店也生意清淡，公园到了冬季显得格外寂寥。

一般中国人没事也甚少有到公园来散步的，按本地习惯出来遛弯的都是饭后为了消化的年轻人，以学生为主。反倒是笔者一个人在荒寂无人的公园里闲逛，只为看冬天的寂寥。

---

[1] 辜鸿铭（1857—1928），名汤生，字鸿铭，号立诚，英文名Tomson。祖籍福建，生于南洋英属马来西亚槟榔屿。学贯中西，号称"清末怪杰"，精通英、法、德、拉丁、希腊、马来西亚等9种语言，获13个博士学位，是清代精通西洋科学、语言文化的第一人。著作甚丰，是第一位向西方介绍中国文化的学者。

[2] 袁励准（1876—1935），字珏生，号中州，别署恐高寒斋主，河北宛平人。光绪二十四年（1898）进士。授翰林院编修，会试同考官。民国后任清史馆编纂，辅仁大学教授。工书画，能诗。行楷宗米元章，篆学李阳冰，文静典雅，甚得时誉。画学马远，亦有高致。以藏古墨驰名于世。

[3] 叶恭绰（1881—1968），字裕甫，号遐庵，晚年别署矩园，室名"宣室"。广东番禺县（今广州）人，祖籍浙江余姚。书画家、收藏家、政治活动家。早年毕业于京师大学堂仕学馆，后留学日本，加入孙中山领导的同盟会。曾任北洋政府交通总长、广州国民政府财政部长、南京国民政府铁道部长。1927年出任北京大学国学馆馆长。中华人民共和国成立后，曾任中央文史馆副馆长。

不单是中央公园如此，其他公园到了冬天也基本如此。倒是天桥一带属于一般市井之徒的游玩之地，比较随意，各种杂耍，无所不有。都说冬天的公园寂寥，难以聚客，倒也未必如此，天桥即属异类，一向都非常热闹。不过要说起这冬季公园的趣味，不禁让人想起倪云林的山水画里那种枯淡的气氛。中国北方与南方水乡最不一样的地方是缺乏水分，空气异常干燥，可也因此，天高云淡，碧空万里，清澄如玉，天空有种透明感。再没有比北京冬天的蓝天更美丽的了。冬天的公园，设施也好，花坛也罢，假山之类，看不看都无所谓。中央公园冬天只有两种景致最为迷人，一是后方的池水结冰后人们溜冰的情景，一是毫无遮挡的天空呈现的一望无际的明亮清澈的钴蓝色，私以为这是最值得观赏的两种景致。

第三节　春秋的出行乐趣

中国的普通民众与日本的相比，更富于娱乐气氛，热衷于节日里的各种大型娱乐活动。即便在自己家里，中国人大抵也会预备一把胡琴，闲暇时演奏一曲民众喜欢的《狸猫换太子》《五昭关》之类，图个高兴。在把音乐娱乐带入日常生活方面，中国人应该说是颇具进步意识的。每逢春秋节气时令，赶庙会，凑热闹，更是欢天喜地，节日气氛十分浓烈。

北京天桥在民众娱乐方面可以说是做到了极致，越看越感觉娱乐在中国人生活中所占位置之重要。对一般民众来说，简直被摆在了第一位。但到底不能把天桥当作名园来对待，因为天桥即便从形式上来说也不具备公园的特征。尽管如此，天桥却比公园还要繁华热闹。作为一个游乐场所，成为北京市民无人不知、无人不晓的繁华地，每天都会集了来自各地的民众。这地方有演戏的，有摆摊的，有说相声的；有如乞丐一般的营商小贩也全部出动，如摔跤，如皮影戏，如大排档；还有卖毛皮的，卖旧衣服旧器具的，卖便宜的赝品古玩的，几乎可说无所不有。而且这地方绝对没有池塘，没有假山，没有桥，更没有池亭，总之根本就不是公园。既不是公园，也不具备庭园的设施，无缘无故就变成了一个远超一般公园的游乐胜地，对北京来说，恐怕是当地民众理所当然认为第一的游乐场所。估计从东北到全中国南北方，乃至到南洋各地，像北京天桥这样大规模的彻底的民众性的娱乐场所，走到哪里也不多见。

原本北京天桥这个游乐场并非有人设计，而是一般民众从日常生活的不得已出发，自然发生的一个现象。当然也不在意公园的形式，以至池塘、假山、水榭之类公园形式，一概不在考虑范围，完全超越了一般的公园概念，只以实现民众的娱乐为第一目的而存在。而且其中一定有为生计考虑的行商目的，对一般大众来说是一举两得的事情。

日本的观光客来北京，自然先看紫禁城的宫殿，然后是颐和园、北海，基本是一个固定的观光线路，但天桥这个对中国一般民众来说绝对不可不看的游乐胜地却基本无人光顾。去北京名胜的天坛、先农坛，都会路过天桥的，但大部分人只说那地方不卫生，即使路过也不屑一顾。这种旧式的中国观光思维放在旧时代自无可避免，但如今已经完全落后于时代，目下如欲了解北京民众的生活，一定不可不去看天桥。

人们一般会以为民众的娱乐活动主要集中于春秋两季，此时应

小孩和货郎的货担　甘博摄　1917—1919年

　　　　　　　　　　　　　中国的风景与庭园

做棉花糖　甘博摄　1917—1919年

该最为热闹，适合观光游览。毕竟冬天太冷，夏天太热，天桥一定无人玩耍，却不知这完全错误。在天桥，无论冬夏，无论寒暑，都不是问题，天桥竟完全与季节脱离关系。即便是大年三十，对一般人来说一年中最重要的时候，天桥热闹依旧。按说年关已到，游人却毫不在意，人山人海，到处都是耽于玩乐之人。从人们不以时间为念，确实是真心为了开心，完全沉浸于玩乐生活的感觉来看，确可说是真正的民众公园不假。

邻近天桥繁华地，靠西边一点的地方是北京城南公园。城南演艺场也在此处，在北京也算是有名的场所，但从繁华程度来说，比之天桥略差一筹。但从客人的素质来说，显然要比天桥又高了一等。天桥地区当然是自由出入，来者不拒，完全是个没有限制的天地；城南公园显然不同，首先要收门票，自然就受了一定限制，对客人质量还是有一定的要求的。如果城南公园对出入完全不加限制，自由放任的话，那真不知会成何种状态，似乎还是做一定的限制为好。

城南公园很有意思，相比冬天或春秋的艳阳天，夏天纳凉的人会比较多。客人素质也较高，与天桥相比，趣味不同，从游艺场的大剧场到舞台都很漂亮，商店、花店、菜馆也都一流，还有摄影摄像的陈列销售，总之各方面都还说得过去。剧场外面院子里种了杨树，林荫下年轻夫妇很多，虽是中式的服装，一个个穿着也都端庄得体，不失分寸地列队入场，络绎不绝。假若场内设了池塘、假山、亭子、游人长椅，甚或设置了露天电影院，林荫处再安排一些休息设施的话，那就是一个很到位的公园了。

从中国民众立场考虑，模仿西洋的公园，按文明国家习惯来设置相应设施，当然是不错的。话虽如此，只有形式的文明，而缺乏实质性的娱乐的话，也实在没有什么意义。一般来说，无论公园也罢，河滩也罢，只要是以娱乐为目的，还是要彻底利用才有意义。若只拘泥于设施维护的考虑，拒绝一部分民众入场的话，在中国恐怕是无法接受的；可完全不加限制似乎也不行，不得已只好收入场费，予以一定的调整。

城南公园的池亭边有长椅，像是张作霖系的士兵们坐在椅子上聊天，我在旁边听他们说起自己的收入，有一月4元的，也有一月6元的。不管是士兵，还是学生，总之只要付了门票就可进来游玩。但看那些客人的衣着穿戴，大多数还是比天桥的客人品位要高一些。春秋出门游玩，身边若碰到衣着不整、身带异味者，多少会让人不愉快。但作为公园，娱乐设施一切准备齐全，全等具有一定资格的客人入场。其实也就意味着，即便这城南公园，也同样有不具入场资格，无奈之下不得不离它而去之人。

在中国进公园也要分阶级，这是很奇怪的事。上海的公园，也存在只允许西洋人和日本人进，而不许中国人进入的情况；中国人不能与外国人同样对待，前边已有叙述。以此来说，单独看北京的情况又如何呢？实际上也存在一定的差别，在北京可说存在低端、中端和高端等几个阶级层次，可以概括地考察一下大体的公园利用情况。比如同样是北京的公园和庭园，概括下来，利用状况大概如下。

颐和园、北海公园、中央公园：利用者大多为外国人和上流阶层的中国人或其家庭成员。

城南公园、城南游艺场：中流的中国人或其家庭成员。

天桥、晓市：底层的中国人或其家庭成员。

其他还有隆福寺的早市、火神庙的白市、西四牌楼和前门外的夜市，都是依照节气定了日子开市的。这些地方基本上是市井中下层的出没之处，但偶尔也会看到一些猎奇的上流绅士在此无目的地闲逛。不过这些早市夜市毕竟不是娱乐之地，倒是东安市场一带有些娱乐场所，加之地理位置好，人们可以随意去玩。但东安市场以及城内各个市场只限春秋季节开放，不是常开；城南公园或中央公园等又只有中流以上的游客才可畅抒幽情；北海公园、颐和园则更是相当高雅的人士于春秋之际寻找诗情画意之灵感的所在，倒也足以满足其望。

对中国的公园、庭园，笔者从不计较其档次高低，总之认为应于其中寻求一种雅味、韵味为重。说起春秋的踏青行乐，其实并不只限于都市名园，放开眼界来看，更广阔的长江，即使摇橹泛舟于江，也能找到人间的乐趣；客人也无须问其地位高低，只在行乐之中以寻找乐趣为目的，这才是公园庭园本身与客人所应共有的价值，而且这种价值相比其他，更应是自古中国的雅趣之所在。

第四节　名园的未来

从根本上来说，在中国漫长的历史进程中无论建造了多少名园，通过对其历史的实际考察可知，并没有多少名园遗产留给后世，大抵或者荒废，或者受到战乱的破坏，湮没在历史的烟尘之中，实在是十分可惜却又无奈之事。金谷园虽名垂千古，鼎盛一时，却也早已灰飞烟灭。颐和园万幸还在，但到后山看看便知，已经受到相当程度的破坏。北海公园算是保存比较完整的，但能否一直保存下去仍是未知数。以中国的国情来说，实在不好说，永久保存委实困难重重。

到目前为止，杭州的西湖，北京的颐和园、北海公园，等等，若能得到妥善保护，传于后世是最好。虽感困难重重，但我衷心希望，这几座名园能够得到传承。未来世界，时势变化激烈，或许愈加西洋化也未可知。时代潮流无法抗拒，但在可能的范围内，还是希望能够保留纯粹的中国风格。私家庭园也好，皇家庭园也罢，希望能尽最大努力保留中国式的韵味。在另一方面，中国又拥有超越名园之上的数不胜数的天然的名园。用不着刻意追求名园，造物主已经赐予中国大地以最美最大的天然名园。比如沿长江或溯钱塘江而上，沿岸一带极多美丽风光，到处都是名园。只是没有安装娱乐设施而已，大自然就是最大的名园。比如可在长江上游看险峻的三峡，可在钱塘江上游看美丽的茶园，可在江南水乡绍兴看朴素的田园风光。

这些地方色彩浓厚的乡间景色比比皆是，旅游风光的宝贵资源充满于中华大地，根本无须辛辛苦苦刻意追求那些人工的庭园、公园，中国人自身也并不只为人工营造的美物所着迷，杭州西湖之类的自然美景反倒更令人沉醉。这些自然美景比之某些费心费力营造的私家庭园不知美了多少倍。

相比人工雕琢而成的庭园，大自然不加修饰的景色更为美丽，这也是古来中国文人墨客所追求的一种风格情调，比如江西庐山之雄奇秀丽。中国与日本、西方国家国情不同，想要营造纯属个人的庭园确实不易。与其如此，倒不如彻底抛弃私家庭园，不必考虑在狭窄的城里勉强营造小园，完全以大自然的山水为念，与众人一起欢悦，该是多么令人愉快之事。所以真正喜好庭园之士，一定更热衷于进入大自然的自由天地，真心追求大自然的风光，由此获得愉悦，得到诗情画意的灵感，达至天人合一的境界。中国人在此点上更为通透，相对在狭窄之处勉强营造无法令人满足的小园，与众人一起投入大自然的山水之间，获得更大的心情自由，无疑是技高一筹的思考。对名园的未来，认为会逐渐趋向西方化、技术化的见地甚多，以笔者私见，似更应将大自然视为民众的公园，在大自然中获得更多乐趣，未来的余暇活动也将会向此方面转变。如果这实在办不到的话，那恐怕也只好委曲求全，把北京天桥那样既非公园，也完全不具庭园要素的地方，作为平民的欢乐街巷，一年到头毫不在意地欢聚于此，寄情于天地之间，自寻快乐了吧！

以人工营造的中国庭园来说，如今最为顶级的还应属颐和园。重建如颐和园者，估计会相当困难。众所周知，这是以西湖为模本营造的，但确实是十分成功的范例。遥远的未来不论，以近未来加以考虑，如颐和园这样的庭园，以王侯贵族之力亦将难以复制。今后若有中国式庭园出现，我想大概还会模仿此种类型，但恐怕其计划的实现将极为困难。其原因盖以中国的国情而论，两极分化势将日益严重，中产阶级的不发达应是重要因素之一，下层民众自然更不可能。上流阶层，比如上海的哈同花园[1]，那倒确实是个了不起的大庭园。在中国只要说起私家花园，都会提到它。个人以为，中国未来一旦发达起来，超越哈同花园的营造，甚至作为宫廷离宫，

---

[1] 哈同花园是旧上海最大的私家花园，位于原静安寺路（今南京西路）。主人哈同全名欧爱司·哈同，1851年出生于土耳其统治下的巴格达城，是一位犹太富商。该园由山僧乌目设计，以《红楼梦》中大观园为蓝本进行布局，从1902年起扩建，到1910年全部竣工，耗时8年，轰动上海滩，被称为"海上大观园"。1940年太平洋战争爆发后变成一片废墟。1955年人民政府在此建成中苏友好大厦，现为上海展览中心。

中国的风景与庭园

超越颐和园之上者也绝非不可能。但笔者在此提出未来庭园之理想图后，不禁想为未来的庭园状况做个大胆的猜想：中华民族以燕山楚水的佳趣为巨大背景，未来的庭园公园究竟会发达到何种程度？作为一个巨大的谜，我想将此遗留给遥远的未来，请后人作答。

此外，关于中国庭园和风景，为愿从根本上给研究者提供便利，附上可作各种参考的拙著，读者可对照本书一起来读。关键在于，就中国人的国民性、趣味性、文学性，以及中国大自然山水本身来说，希望能得到更深一层的理解。如本书序中所述，笔者相关拙著一览如下：

书名	出版商
《シナの社会象相》	雄山阁
《シナ文化の研究》	富山房
《シナ游记》	春阳堂
《シナ行脚记》	万里阁书房
《シナ绮谈—阿片室》	万里阁书房
《シナ风俗の话》	大阪屋号书店
《シナ趣味の话》	大阪屋号书店
《シナ地図》	神谷书店
《シナ国民性讲话》	日本大学
《日本よりシナへ》	北隆馆
《歓楽のシナ》	北隆馆
《シナの田舎めぐり》	北隆馆
《不老长生》	北隆馆

《长久のシナ》   北隆馆

《老朋友》   北隆馆

《创造のシナ》   北隆馆

《シナ今日の社会文化》   大日本文明协会

《文字の沿革》   日本大学